죽기 전에
일자 다리가
소원입니다

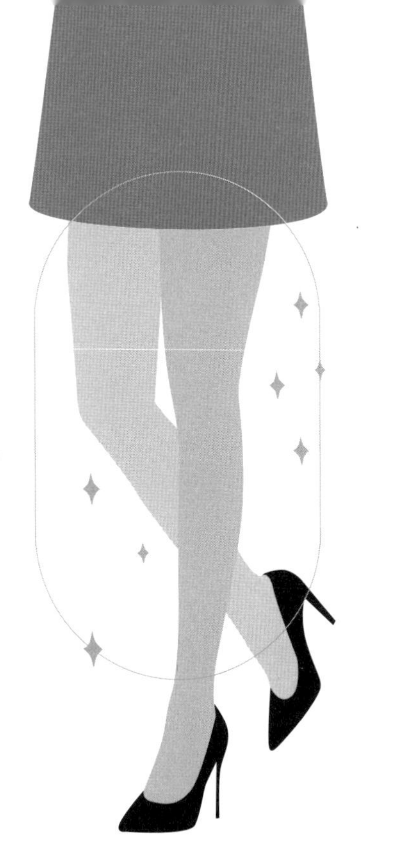

죽기 전에 일자 다리가 소원입니다

고민정 지음

Castingbooks

•INTRO•

당신도 예쁘고 건강한 다리를 가질 수 있습니다

"35년간 21만 번의 관리로 살아있는 경험을 전해 드리는 고민정입니다."

올해는 이런 멘트를 달달 외우는 한 해가 되었다. '코로나 19'로 인해 불가피하게 시간적인 여유가 생겼지만, 내게는 어색하고 새로운 직업이 생겨서 평소보다 바쁜 날들을 보내게 되었다. 나는 늦은 나이에 유튜브 새내기가 되어, 어색하고 부끄러운 모습으로 카메라 앞에 서야만 했다. 모든 것이 새롭고, 어색하고, 익숙해지지 않았지만, 새로운 도전이라는 생각만으로도 오랜 시간 무뎌진 세포마저 꿈틀되는 것 같았다.

[죽기전에 일자 다리가 소원입니다]는 충분한 시간을 갖고 오랜 기간 더디게 쓴 원고이다. 내가 그동안 쌓은 전문성과 나의 이야기를 솔직하고 담백하게 쓰고 싶었다. 무엇보다 내가 원하는 방향대로 자유분방하게 써보고 싶었다. 독자들에게 꼭 필요하고 소중한 책이 되기를 간절히 원했다. 몇 년에 걸쳐 차곡차곡 써 놓은 원고를 모으고, 사진으로도 찍어보고, 그림으로도 그려봤다. '어떻게 표현하는 것이 더 쉽고, 더 정확하게 전달될 수 있을까?' 신중하고, 엄숙하게, 하나하나의 손동작을 사진으로 찍어가며 스케치해 나갔다. 그리고 내게 너무나도 소중한 고객들의 고민들을 하나도 빼놓지 않고, 모두 담아 보려고 노력했다.

젊은 시절에 20대의 나는 항상 롱스커트를 고집했었다. 내 못난 다리를 잘 가릴 수 있는 긴 치마가 필요했었다. 하지만 거리에서 짧은 미니스커트를 입고, 날씬한 다리 위에 롱부츠를 신은 여자들을 보면, 너무도 부러웠다. 그 당시의 나는, 죽을 때까지 평생 이 다리로 살아가야만 된다고 생각했다. 그러나 나의 현재의 다리는 20대 나의 종아리보다 훨씬 더 예쁘다. 과거의 나처럼 포기하는 사람들에게 꼭 알려주고 싶다. 이렇게 관리하면, 당신도 예쁘고 건강한 다리를 가질 수 있다고, 배워서 원리만 터득하면, 당신도 예쁘고 건강한 다리를 가질 수 있다고, 당신이 들을 수 있게 크게 외치고 싶다.

종아리가 예쁘면, 몸도 건강해진다. 종아리의 관리는 곧 건강한 몸을 만드는 지름길이다. 책 속의 그림대로 자세를 만들고, 근막 관리 전문가처럼 손 모양을 똑같이 따라 하면 된다. 호흡의 중요성과 '테라핑거'의 각도를 유심히 보면서, 근막의 꼬임을 스스로 알아내면 된다. 호흡법과 시작점, 끝점만 알면 된다. 그것이 근막을 풀어내는 공식이다. 나의 몸은 나의 것이다. 나의 책임이다. 마땅히 내가 보살펴야 하는 소중한 존재이다. 나의 몸 중에 제일 고생하는 곳이 발이다. 온종일 높은 힐에 갇혀 있고, 나의 육중한 몸을 지탱하는 곳이다. 그래서 사람들은 늘 하체가 붓고, 다리가 저리는 증상들을 호소한다. 이 책은 현시대를 치열하게 살아가고 있는 나에게 소중한 선물이 될 것이다.

PS. 고된 직장업무에도 불구하고, 아낌없이 도와준 나의 작은딸 재영이에게 고마움을 전한다.

목차

intro 당신도 예쁘고 건강한 다리를 갖을 수 있다. • 005

Part 1. 당신의 몸은 스펙이다!

별로 예쁘지 않은데, 눈길이 가는 그녀의 비밀은? • 013
특별하지 않은 나도 특별해질 수 있다. • 018
3초의 경쟁력 • 024

Part 2. 하비(하체 비만)타파! 정신 무장!

다이어트 방법 다 해봤는데, 다 안 되더라. • 031
더는 이렇게 못살겠다! • 036
'No pain, No gain 고통 없이는 얻는 게 없다.' • 039
짧은 시간에 가장 빠른 결과를 얻으려면 어떻게 하나요? • 042
새로운 나로 다시 태어나다 • 046

Part 3. 당신의 숨은 키를 찾아라!

나이 들어서도 키가 클 수 있다!? • 053
승무원이 되려면, 미리부터 휜 다리 교정을 해야 한다. • 056
수술대라도 오르고 싶었다! • 058
4개월 만에 할 수 있을까요? • 061

Part 4. 죽기 전에 치마 입어 보는 게 소원입니다!

휜 다리를 펴야, 종아리 부종이 사라진다. • 065

운동을 할수록 다리가 휜다고?! • 068

종아리가 풀리면, 인생이 풀린다. • 071

종아리 펴고, 돈도 많이 벌게 되었어요! • 075

파킨슨병으로 고통 속에서 포기했던 그녀 • 079

저는 걸어 다니는 종합병원입니다. • 080

Part 5. 기적의 종아리 실종 셀프케어 시크릿!

휜 다리 셀프 교정이 집에서 얼마나 가능할까? • 087

고민정 원장의 휜 다리 셀프 교정 TIP • 089

Day 1~ 4 Secret 1 여리여리 예쁜 발목 • 093

Day 5~10 Secret 2 뒤태 미녀, 종아리 완성 • 109

Day 11~15 Secret 3 두 마리 토끼, 무릎 완성 • 133

Day 16~18 Secret 4 휜 다리 교정에 꼭 필요한 근막 관리 • 151

Day 19~22 Secret 5 하비 탈출! • 165

Day 23~27 Secret 6 시선 강탈 종아리 만들기! • 185

Part 1

당신의 몸은 스펙이다!

별로 예쁘지 않은데,
눈길이 가는 그녀의 비밀은?

남자들이 소개팅을 받을 때, 대체로 첫 번째로 하는 질문은 '그 여자 예뻐?'이고, 두 번째로 하는 질문도 '얼마나 예뻐?'라는 우스갯소리가 있다. 이렇듯 많은 남자들이 여성의 예쁜 외모에 관심을 갖는 만큼, 더 예뻐지기 위해 성형수술에 열을 올리는 여자들이 많아지고 있다. 수많은 나라에서 한국으로 원정 성형수술을 하러 온다고 하니, 예뻐지고자 하는 여자들의 욕망은 앞으로도 지속될 것으로 보인다.

'외모는 능력인가?'는 오랫동안 사람들의 입에 빈번히 오르내린 이슈이기도 하다. 자칫 외모지상주의로 치부될 수도 있지만, 외모가 단순히 호감뿐 아니라, 인생의 성공과 실패까지 쥐락펴락한다는 사실을 인정해야 한다. 취업을 할 때에도 스펙만큼 외모가 큰 비중을 차지한다는 사실은 이미 정평이나 있다. 승무원, 아나운서, 연예인, 뮤지컬배우, 발레리나 등 외모가 중요한 이들은 균형 잡힌 몸매로 업무에서도 더 큰 성취를 맛볼 수 있을 것이다.

그런데 연예인처럼 화려하거나 예쁘지는 않아도, 멀리서부터 시선이 가는 사람들이 있다. 그 사람들은 자세가 곧고, 걸음걸이가 바르고, 신뢰감이 가는 이미지로 인해 기품까지 흘러나온다.

'그 비밀은 무엇일까?'

신뢰감과 곧은 체형은 하나의 맥이라고 할 수 있다. 뚜렷한 이목구비는 예쁘게 성형을 해서 얻을 수 있지만, 곧은 체형은 평소의 습관과 꾸준한 관리 없이는 얻기 어렵기 때문이다. 즉 곧은 체형으로 바르게 걷고, 앉는 자태만으로도 매일 자신을 관리하는 사람이라는 반듯한 인상을 심어줄 수 있다.

'모름지기 사회에서 반듯한 인상을 주는 사람에게 더 많은 기회가 주어지는 것은 어쩌면 당연한 것이 아닐까?'

그렇기에 외모는 '그 사람이 살아온 스펙'이라고 해도 과언이 아니다. 타고난 것보다 후천적으로 충분히 자신이 노력을 기울인 만큼 변화할 수 있기 때문이다.

'자기 훈련'과 '자기 평가'는 직접적인 관련이 있다고 한다. 자신이 결정한 방식대로 행동하도록 자신을 단련하면 할수록 사람은 자신을 더욱 사랑하고 존경한다고 한다. 더 긍정적이고 자신감에 차며, 더 강해지고 자신의 삶과 상황에 대한 책임감도 커진다고 한다. 그렇기에 자신을 얼마나 관리하느냐에 따라, 겉으로 드러나는 모습은 당연히 내면의 자신감을 형성하는 데 큰 도움이 될 것이다. 사실 만 원짜리 티셔츠를 입어도 태가 나는 체형을 갖게 되면, 평범한 걸음걸이도 다르게 보인다. 그래서 눈, 코, 입을 예쁘게 성형하는데 많은 돈과 시간을 쓰지만, 휜 다리를 방치하고, 체형이 비뚤어져 걸음걸이가 불균형이 된 사람들을 보면, 개인적으로 안타깝다는 생각이 든다.

실제 고객분들 중에서 꾸준히 휜 다리 교정에 시간과 노력을 많이 투자했던 한 여성이 기억난다. 그녀는 사실 키도 크지 않았고, 이목구비도 화려하지 않았지만, 바른 자세와 걸음걸이, 늘씬하고 곧게 뻗은 다리만큼은 누구보다 아름다운 사람이었다. 그녀는 자신이 건강한 몸을 위해 투자하고 관리하고 있다는 사실에 스스로 만족했었고, 어떤 옷을 입어도 항상 걷는 모습이 당당하고 아름다웠다. 똑같은 능력을 갖춘 사람이라도 곧은 몸과 자세는 그 사람을 단연 돋보이게 한다. 동대문시장에서 파는 단돈 만 원짜리의 싸구려 청바지를 입었더라도 명품 자세와 명품 다리를 가졌다면 아름다울 수밖에 없다.

'유명 디자이너의 잘 빠진 청바지를 입는다고 해서 내 다리가 달라 보일까?'

정말 그렇다면 좋겠지만, 현실은 그렇지 않다는 것이다. 반대로 내 몸이 명품의 태를 갖추게 되면, 그 어떤 옷을 입어도 나는 명품이 된다. 이제 우리에게는 두 가지 길이 존재한다.

하나. '명품 옷을 먼저 살 것인가?'

두울 '내 몸을 먼저 명품의 태로 만들 것인가?'

어디까지나 선택은 개인의 자유이다. 그 선택에 따라서 내 삶의 결과도 바뀌게 될 것이다. 나는 지난 35년간 21만 번 정도 사람들의 얼굴과 몸매를 관리했었다. 사람들은 자신의 몸이 바뀌기 시작하면서 '몸매 좋은 사람'으로써의 주변의 평가를 즐기며, 인생의 많은 부분이 변화하는 것을 스스로 느꼈었고, 나는 그것을 바로 옆에서 지켜봐왔다. 자신을 더 사랑하고, 긍정적으로 변화하며, 더 열정적이고 행복해지는 모습은 자신의 적극적인 선택에서부터 비소로 시작된다. 지금 이 책을 선택한 당신에게 미리 명품 몸매의 시작을 축하한다.

특별하지 않은 나도 특별해질 수 있다

누구나 도저히 할 수 없다고 생각하는 한계를 반드시 가지고 있다. 그런 한계는 사실이 되고, 진실이 되고, 역사가 되어버린다. 그런데 그런 한계는 처음부터 있지 않다고 하는 것을 보여준 사람이 있었다. 1950년대 초, 육상 전문가들은 1마일(1.6km)을 4분에 주파하는 것이 불가능하다고 선언했고, 1954년까지 육상계에서는 인간이 1마일(1.6km)을 4분 안에 뛰는 것은 불가능한 것으로 여겨졌었다. 심지어 이런 말까지 회자 되고 있었다.

'인간은 에베레스트 산과 북극과 남극을 정복할 수는 있어도 1마일(1.6km)을 4분 이내에 뛰지 못한다. 만약에 누군가 4분 이내에 들어온다면, 그 사람의 심폐기능에 문제가 생겨 터질 것이다.'

사람들은 이것을 '마의 4분 벽'이라고 불렀으며, 그 누구도 이 기록을 깰 엄두도 내지 못하고 있었다. 그러나 '로저 배니스터'라는 한 의대생은 이런 부정적인 선언을 단호히 거부했다. 그는 '1마일을 4분 이내에 주파하는 것이 인간의 능력으로는 불가능하다.'고 믿고 있는 사실을 믿지 않았다. 수백 년에 걸쳐 내려온 모든 사람들의 마음과 머릿속 깊이 박혀 있던 진리에 과감히 도전한 것이다. 그는 언젠가 4분의 장벽을 깰 수 있다는 믿음으로 훈련을 시작했고, 끊임없는 연습을 했다. 그리고 그는 마침내 1954년 5월 6일 옥스퍼드대 육상부와의 대결에서 3분 59초 4의 기록으로 '마의 4분 벽'을 깨고야 말았다. 결국, 그는 그 부정적인 선언을 깨뜨리고 '기적의 1마일'을 달렸던 것이다. '로저 배니스터'는 1마일을 4분 내에 주파할 수 있었던 이유에 관해 묻자, 이렇게 답했다.

"나의 심폐기능이 1마일을 4분 이내에 주파하는 속도를 감

당하지 못한 것이 아니라, 그동안 나 자신이 1마일을 4분 이내에 주파하지 못한다고 믿었기 때문이었습니다."

그가 1마일을 3분 59초에 돌파한 이 소식은 전 세계 신문의 1면을 모두 장식했다. 그러자 이 소식을 접한 다른 선수들은 너도나도 이 기록에 도전하였고, 2년 만에 무려 300명의 선수들이 '마의 4분 벽'을 넘어섰다. '로저 배니스터'가 기록을 깨뜨리자, 그때까지 절대로 불가능한 것이라고 여겨 시도조차 해보지 않았던 사람들이 '로저 배니스터'를 보고 도전하여, 사람들이 말했던 그 한계를 깨고 만 것이다. 이것을 두고 사람들은 '배니스터의 기적'이라고 부르게 되었다.

'로저 배니스터'는 '인간은 1마일을 4분 안에 뛸 수 있다.'라는 이 명제에 도전했다. 그의 정신은 이미 4분보다 빠르게 뛰고 있었기에 그 기적을 이뤄낸 것이다. '로저 배니스터'는 단순히 4분 안에 1마일을 뛴 것이 아니었다. 그전까지 인류의 관념들이 만들어낸 그 한계라는 녀석을 뛰어넘겠다고 선언했고, 그것이 가능하다고 믿고, 행동했기 때문에 이뤄낸 기적이었다.

우리는 살면서 수많은 상황에서 '나는 안 될 거야.'에 직면하게 된다. '나는 학력이 낮아서 안 될 거야.', '나는 외모가 안 돼서 안 될 거야.', '나는 받쳐주는 사람이 없어서 안 될 거야.' 그러나 그럼에도 불구하고, 언제나 그 벽을 넘는 사람들은 항상 존재한다. 이런 부정적인 생각들은 체형관리에서도 마찬가지이다.

"저는 선천적으로 하체 비만으로 태어났어요."
"저는 갑상선 때문에 몸이 아파서 안 돼요."

수많은 핑계와 이유를 말하며, 자신은 안 된다고 처음부터 단정 지어버리는 사람들이 있다. 이런 마음의 상태로는 그 어떤 것도 가능할 수 없다. 대부분의 사람은 어떤 성취를 이룬 사람들을 보며, '저 사람은 가능하지만, 나는 불가능할 거야.'라는 생각으로 움츠러든다. '난 이건 못해. 난 안 돼.', '내 다리는 죽어도 안 빠져.', '나는 살이 안 빠지는 체질이야.'라고 자신을 보는 사람들은 정말 자신이 바라보는 그대로 그렇게 될 수밖에 없다. 물론 태생적으로 길고 곧은 다리를 가진 사람들도 있다. 당신이 아무리 노력해도 런웨이를 거니는 장신의 모델들처럼 다리가 쭉쭉 길어질 수는 없다. 다만 타고난 체형을 가장 아름답게 가꿀 수는 있다. 보통 사람들이 생각하는 것보다 자신의 다리를 더 길고 아름답게 만들 수 있다. 휜 다리와 군살에 가려진 진짜 키를 찾아내고, 곧은 다리를 만든다면, 당신도 특별해질 수 있다.

이것은 인생에서도 마찬가지이다. '그래, 어떻게 내가 이런 것을 할 수 있겠어.', '다른 사람은 몰라도 나는 못 해.', '나는 어쩜 이렇게 운이 지지리도 없을까?', '나는 하는 일마다 왜 이리 안 될까?', '역시 난 안 돼.'라고 스스로 자신에게 말하는 사이, 나도 모르게 부정적인 것을 기대하게 되는 것이다. 자신에게 말하는 자기암시는 자기최면과도 같다. 한번 불가능하다고 말해버리면, 불가능한 이유와 그 상황들만 내 눈앞에 나타난다. 또 그 불가능을 증명해 보이려고 노력하는 자신을 발견하게 된다. 믿으면 믿는 대로 되고, 의심하면 의심하는 대로 된다.

이 세상에 나와 똑같은 사람은 아무도 없다. 겨울에 내리는 하얀 눈들도 현미경으로 보면, 다 다른 결정체를 가지고 있다고 한다. 나와 비슷한 성격이나 비슷한 외모를 가졌다고 해도, 우리 모두 한 사람, 한 사람은 특별하고 유일한 존재이다. 이 세상에 똑같은 것은 없으며, 이 세상에 '나'라는 사람은 오직 '나' 하나뿐이다. 다른 사람과의 비교가 아닌, 가장 나답고, 나답게 멋있어야 한다. 나다운 아름다움으로 체형을 바꿔나갈 수 있다는 믿음이 더욱 더 좋은 결과를 이끌어내는 것은 당연하다. 특별한 나만의 매력을 발산해보자! 당신은 이미 특별한 존재이다.

3초의 경쟁력

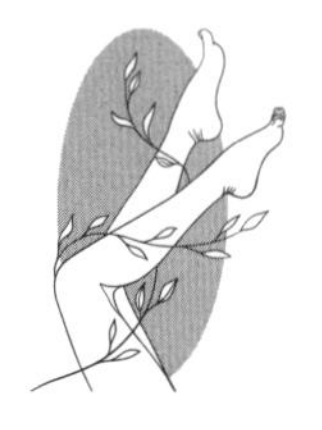

흔히들 사람의 첫인상은 3초 안에 결정된다고 말한다. 낯선 사람에게서 3초 동안 확인할 수 있는 사실은 전체적인 외모에 대한 인상 정도이다. 여성뿐만 아니라 남성도 외모 경쟁력이 중요한 사회 분위기가 형성되면서, 호감 가는 첫인상을 갖기 위해 많은 노력을 한다. 예전에는 여성이 이성을 볼 때 학벌과 경제적 능력을 최우선으로 여겼다면, 지금은 쭉 뻗은 다리와 근육 있는 몸을 선호한다. 경제적 능력만으로 이성의 환심을 살 수 있는 시대는 지났다고 볼 수 있다. 남녀를 막론하고 호감 있는 외모는 이성에게 어필할 수 있는 중요한 무기가 될 수 있다. 아무리 능력이 있는 남성이라 하더라도 외모가 부족하면, 여성들에게 인기가 덜 할 수밖에 없다.

33세의 지적인 외모의 변호사인 한 남성이 내게 방문한 적이 있었다. 그가 쓴 검정 뿔테 안경 덕분인지, 그를 처음 본 순간에 더욱더 신뢰감을 느꼈었고, 정직함마저 느껴졌었다. 하지만 그는 휜 다리로 인해서 고민이 많았고, 몸이 전체적으로 많이 힘든 상태였었다. 많은 시간을 책상 위에서 컴퓨터와 씨름을 하다 보니, 운동량 부족으로 허리통증과 함께 휜 다리 콤플렉스를 느껴서 찾아온 것이었다. 관리를 하고난 후에 휜 다리가 펴질 즈음에는 허리 통증은 완전히 없어졌고, 그의 얼굴에서 더없이 편안해지고, 환한 모습이 보였다. 몸이 좋아지고 자세가 좋아지니, 얼굴의 표정 또한 변화되었고, 주위에서 그를 바라보는 시선들도 달라지기 시작했다. 관리의 중요성을 깨달은 그는, 바쁜 일과 중에도 틈틈이 가르쳐준 휜 다리 스트레칭뿐만 아니라, 관리 또한 빠지지 않고, 꾸준히 열심히 받으려고 노력했었다.

세상에는 수많은 변호사가 있다. 능력, 경험, 실력 등이 겸비된 유능한 전문가들이 정말 많지만, 사람들이 그들을 식

별하는 데는 시간이 걸린다. 법률적으로 뛰어난 실력을 갖추고 있더라도, 첫 대면에서 자세와 태도가 바른 사람에게서 더 전문성을 느끼게 될 수밖에 없고, 더더욱 플러스 점수가 붙을 수밖에 없다. 그들 모두 그 어려운 공부를 했음에도 불구하고, 우리는 자기관리가 철저하다고 느껴지는 사람에게 더 신뢰가 갈 수밖에 없기 때문이다. 겉으로 보이는 균형 잡히고 건강한 태도는 사람들이 나를 판단하는 시간을 단축해준다.

반듯한 몸매는 자기관리의 한 부분이다. 그것이 사람들에게 신뢰를 더욱 높이는 것이다. 어떤 직종에 있든 이것은 마찬가지일 것이다. 관리를 받았던 수많은 사람들이 입을 모아 말했었다. 주위 사람들이 자신을 다르게 보기 시작한다는 것이었다. 다리가 펴지며, 바른 자세를 가진 이후로 자신에게 먼저 말을 걸어오는 사람들이 부쩍 많아졌고, 다른 사람들이 자신의 말에 더 귀를 기울이는 것을 발견했다고 했다. 몸이 바뀌기 시작하면 무엇보다 자존감이 향상된다. 체형이나 건강이 자존감에 미치는 영향은 어마어마하다. 몸이 바뀌면 자신에 대한 인식이 바뀐다. 거울에 비친 자신의 모습과 자태를 보며 스스로 멋지다고 느끼고 자신에 대한 자부심이 생기기 때문이다.

27세에 군 복무를 끝마치고, 아나운서 시험을 준비 중인 남성 고객은 그다지 큰 키는 아니었다. 지적인 이미지를 갖추고 있었지만, 그는 다리가 많이 벌어진 오다리 체형을 가지고 있었다. 다리만 벌어진 것이 아니라 골반, 척추, 어깨도 굽어 있었고, 목은 거북목이어서 피로를 잘 느끼고, 스트레스가 심하다고 했다. 약 8개월간의 관리 끝에 체형 자체가 다른 사람처럼 느껴질 만큼 반듯해졌다. 다리가 일자 다리가 된 후에 그의 키는 3cm가 커지며 자기 자신을 바라보는 시선이 바뀌기 시작했다. 결국 원하는 아나운서 시험에 합격의 영광을 차지하고, 자신의 영향력을 점점 더 넓혀나가며 행복해했다. 이처럼 이제는 아무리 내적 능력이 갖추어졌다고 해도 외적 능력을 결코 무시해서는 안 된다. 남성의 휜 다리는 더 이상 사치로 치부하거나 무시해도 될 만한 문제가 아니다. 그것은 필수이고, 스펙이며, 여자 친구나 배우자를 선택하는 데에도 반드시 필요한 요건이 되었다.

Part 2

하비(하체 비만) 타파!
정신 무장!

다이어트 방법 다 해봤는데,
다 안 되더라

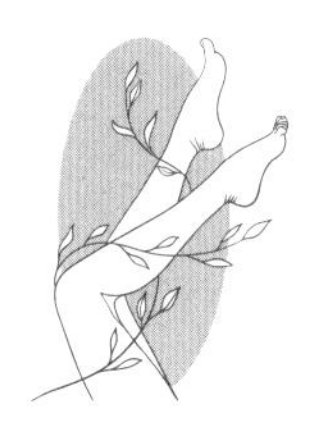

다이어트에 대해 한 번이라도 생각해보지 않은 사람들은 거의 없을 것이다. 특히 대한민국에서도 미에 대한 욕구는 더욱 커지고 있고, 살을 빼야 한다는 압박과 기준이 더욱 높아지고 있는 것이 현실이다. 심지어 사람들은 체중 때문에 스트레스를 받으면, 유독 더 심한 다이어트를 해서 자신을 벼랑 끝까지 몰고 가기도 한다.

'원 푸드 다이어트'로 계란만 일주일 내내 먹는다던가, 디톡스 주스만 일주일을 먹는다든가 하면, 당장 일주일간에

5kg은 빠질 수도 있다. 당분간은 만족스러울 수 있겠지만, 또 다시 요요 현상을 겪으며, 오히려 더 뚱뚱해지고, 그로 인해 무리가 된 몸은 더 안 좋아진다. 다이어트도 그 근본 원인을 제거하지 않으면, 그 고질적인 문제는 다시 수면위로 떠오르게 될 수밖에 없다.

37살 여성분이 의심이 가득한 표정으로 나를 찾아온 적이 있었다. 지난 30년을 휜 다리로, 또 다이어트로, 고민해왔다며, 앉자마자 한숨을 푹푹 쉬어댔었다. 휜 다리 교정으로 유명하다고 하는 곳은 한방부터 시작해서 비싼 특수 관리까지, 수백만 원을 쓰면서 안 다녀본 곳이 없다고 했다. 그런데 어떤 곳에서도 딱히 크게 효과를 못 봤다며, 지푸라기라도 잡는 심정으로 나를 찾아왔다고 했다. 그녀는 운동을 하면 할수록 다리는 더 휘고, 부종도 심해지고, 다이어트 역시 잘 안 되었다며, 이곳도 솔직히 큰 기대를 안 한다고 했지만. 그녀의 속마음은 몹시 간절해 보였다. 그녀는 누구보다 열정적이었다. 일로 바쁜 와중에도 일주일에 두 번 이상을 꾸준히 왔었고, 그녀의 무릎과 종아리가 변화되기 시작하니, 더욱더 자주 와서 관리를 받으려고 했다. 그녀는 다른 사람들보다 다리의 휜 상태가 좀 심해서 관리 내내 많이 아팠을 텐데, 효과가 눈으로 보이기 시작하니, 그 고통을 다 참아내며 꾸준히 받았었다. 그녀는 삼십 년 묵은 체증이 내려앉는 것 같아 후련하다며, '왜! 진작 이곳을 알지 못했을까?'라며 가벼이 웃음 지었다.

사람들은 누구나 예쁜 종아리를 갖길 원한다. 나는 지난 35년간 수많은 체형의 사람들을 관리했었다. 사람들은 각자 나름대로 마사지도 받아보고, 요가, 필라테스, 걷기, 등산 등 많은 운동을 수없이 시도해 보며, 살을 빼서 자신의 몸을 변화시키기를 원한다. 각종 시술과 수술을 동원해보지만, 원하는 만큼의 결과를 얻기에는 하늘의 별 따기만큼 어려운 일이다.

마사지를 받아서 체형을 교정하려는 여성들이 더러 있다. 하지만 많이 만져주고 풀어주는 정도로는 그 효과가 경미하다. 어느 곳을 어떻게, 얼마만큼의 깊이로 풀어 주냐에 따라 결과는 판이해지기 때문이다. 그리고 체형 교정 운동을 배우기도 하지만, 그 비용이 생각보다 만만치 않다. 운동비용뿐만 아니라 개인 강습을 받아야 하는 특성상 비용은 천정부지 부담스러운 수준일 수밖에 없는 것이다.

다리 모양은 오랜 습관에 의해 굳어져서 단기간에 바꾸는 건 쉽지 않다. 특히 바깥쪽 라인은 독소가 많이 쌓여 있기 때문에, 관리 강도를 높일수록 많은 고통이 따르고 아플 수 있다. 나무의 나이테를 연상해 보자. 1년에 나이테 하나가 쌓이는 것처럼, 나의 몸의 뭉쳐짐, 스트레스, 독소, 노폐물들이 매일매일 쌓여서 '나'라는 나무의 나이테가 되는 것이다.

관절 마디마디가 뭉쳐지고, 굳어져 가고, 점점 그러다 보니, 어느새 내 다리는 점점 휘어져 가고 있고, 종아리는 점점 터져 버릴 것처럼 무겁고, 부종이 심해지면서 나의 몸의 혈액순환은 더디어져만 간다. 그것을 오늘, 내일, 모레. 하루하루 미루다 보니 점점 한 살 한 살 나이가 든다.

20세에 뭉쳐진 것과 30세까지 뭉쳐져 있는 것은 풀어내는 강도가 같다 하더라도 풀리는 데에는 차이가 있다. 20세에 쌓인 누적된 노폐물들은 20세에 풀어주어야 한다. 축적된 노폐물을 없애는 데에는 지난 세월만큼의 노력과 시간이 필요하다. 이 때문에 체형교정을 관리 숍에서 받든, 셀프로 하든, '더 균형 잡힌 건강하고 아름다운 몸매를 반드시 갖겠다.'는 간절한 바람을 갖고 있어야 한다. 그 간절한 바람을 이루기 위해서는 깊은 강도를 자극하는 통증과 아픔을 견뎌내야만 하는 것이다. 짧은 시간에 빠른 결과를 얻고 싶다면 과감해지길 바란다.

더는 이렇게 못 살겠다!

매년 1월이 되면, 어김없이 사람들이 가장 많이 모여드는 곳이 있다. 그곳은 바로 헬스클럽과 영어학원이다. 사람들은 새해가 시작되면 새로운 마음으로 결심을 하고, 다시 시작하고자 하는 마음으로 1년 치를 한꺼번에 등록해 버린다. '그리고 몇 번이나 갔던가? 작심 3일?' 3개월만 갔어도 그래도 많이 간 것이다. 그러던 어느 날, 남몰래 짝사랑한 어떤 남자에게 어렵게 좋아한다고 고백했는데, 벼락같이 충격적인 소리를 듣는다.

"미안하지만, 난 뚱뚱한 여자와 사귈 자신이 없어."

그 순간, 머리에 한 방 크게 맞은 충격으로 하염없이 눈물을 흘리며, 그제야 비로소 거울에 비친 자신을 바로 보게 된다.

"이제 그만! 나는 이제 더 이상은 이렇게 못 살겠어! 너무 힘들어! 너무 마음이 아파! 나 이제, 진짜 변할래!"

이 외침은 새해에 품었던 결심과는 사뭇 다른 강도의 결심이다. 그 어떤 경우에도 반드시 이루어내고야 말겠다는 강력한 결단인 것이다.

우리는 인생에서 어떤 충격적인 사건들을 통해 고통과 아픔을 느낄 때가 있다. 인생에서 받은 큰 충격은 분명 가슴 속에 간절한 변화를 갈구하게 만든다. 변화의 동력은 그것이 고통일 때 더욱 간절해진다고 한다. 그리고 마음속에 뜨거운 불꽃을 피우게 한다.

만일 이 책을 읽는 독자 분 중, 충격으로 인해 지금 너무나도 고통스러운 마음이 느껴진다면, 그 고통을 변화의 큰 동력으로 생각하고 환영하라! 인생에서 큰 충격은 우리들을 더 나은 곳으로 데려가는 고마운 도화선이 되어줄 것이다. 충격을 받으면 사람은 픽하고 쓰러지게 되어있다. 쓰러진 사람들은 누구나 아프다. '그 아픔에서 이겨내고 다시 나올 것인가? 아니면 더 밑으로 사라져버릴 것인가?'는 바로 내 마음속의 선택에 따라 달라진다. 이빨 꽉 깨물고 '그래! 내가 내 인생을 바꾸겠어! 내가 내 몸을 바꿔버리고야 말겠어!'라고 강력하게 외치면, 신도 당신을 돕기 시작할 것이다.

No pain, No gain
고통 없이는 얻는 게 없다

히말라야 탐험가로서 세계적으로 유명한 'W. H. 머레이'는 자신의 첫 번째 히말라야 등정에서 우리가 어떤 일을 시작하려고 할 때 가장 기본이 되는 것이 있다고 말했다. 그것은 확실하게 자신을 내주고 헌신할 때, 하늘도 감명을 받아 움직인다는 것이다. 확실하게 헌신하겠다는 마음을 시작으로 예상하지 못한 일들이 일어나고, 물질적인 원조와 모든 것들이 나의 미래에 찾아온다는 것이다. 우주가 나를 돕고, 인도하고, 지원하고, 기적까지도 만들어 준다는 것이다. 다만 그전에 확실하게 헌신해야 한다고 거듭 강조했다.

나는 이 글에 절대적으로 동감한다. '확실하게 자신을 내주고 헌신할 때, 하늘도 움직인다.' 나의 생각부터가 우선인 것이다. 그 결단의 순간부터 아주 강력한 에너지를 발산하게 되는 것이다. 내가 강하게 발산한 만큼 강한 에너지를 흡수하게 되어있다. 아주 간단하고 명료한 삶의 진리인 것이다. 우리는 항상 준만큼 받게 되어 있는 것이다. 자신의 몸을 변화하고자 하는 고객들을 지난 35년간 보면서 효과를 빨리 보는 사람들의 공통점은 모두 간절한 변화를 원하는 사람들이었다. 자신의 몸을 바꿔기 위해서는 깊은 강도를 자극하는 통증과 아픔을 견뎌내야 한다. 몸이 많이 틀어져 있을수록 그 고통은 매우 크고 깊다. 어떤 이는 발목으로 출산하는 느낌이라고까지 표현을 했을 정도다.

그러나 눈물 나는 아픔에도 불구하고 그 고통을 끝까지 견뎌낸 사람들은 모두 자신이 원하는 몸을 만들어내고 더불어 자신의 꿈들도 이루어 냈다. 우리는 고통을 피하는 것에 더 익숙하다. 그러나 궁극적으로 영원히 지속할 수 있는 변화를 원한다면, 과거의 행동을 고통으로 연결하고, 새로운 행동을 즐거움으로 연결해서, 그것이 지속적으로 유지될 때까지 조건화시켜야 한다.

'토니 로빈스'라는 미국에 유명한 변화 전문가는 이렇게 말했다. '성공의 비결은 당신이 고통과 즐거움에 휘둘리는 것이 아니라, 그 고통과 즐거움을 활용하는 법을 배우는 것이다. 만일 그렇게 된다면, 당신은 자신의 인생을 지배하게 되는 것이다. 만일 그렇지 않다면, 당신은 인생의 노예가 될 것이다.' 내가 원하는 아름다운 체형을 위한 관리가 고통스럽더라도, 후에 아름다운 몸이 될 것이라고 생생하게 상상한다면, 관리에서 느껴지는 고통 또한 기꺼이 즐거움으로 받아들일 수 있을 것이다. 그리고 구부정하게 앉거나, 다리를 꼬고 앉거나, 잘못된 자세로 걷는 나의 현재의 모습을 고통으로 연결하면, 매일 조금씩 바꾸고 개선하려고 노력하게 될 것이다. 여러분 모두 간절한 열망을 갖길 바란다. '반드시!'라는 확고한 결심으로 자신을 관리하는 것을 습관화 한다면, 누구보다 건강하고 아름다운 모습으로 반드시 변모할 수 있을 것이다.

짧은 시간에 가장 빠른 결과를 얻으려면 어떻게 하나요?

어떤 집에 중앙난방이 고장 나 보일러의 수리비로 2백 달러가 청구되었다. 그 집의 주인은 "어디가 고장입니까?"라고 수리공에게 물었다. 수리공은 "볼트 하나가 고장이 났습니다."라고 대답했다. 그 집주인은 "겨우 볼트 하나에 2백 달러라니 너무 비싸지 않소?"라고 물었다. 그러니까 수리공은 "나는 볼트 값으로 5센트 청구했습니다. 그 나머지 1백 99달러 95센트는 어디가 고장인가를 발견하기 위한 비용입니다."라고 대답하는 것이었다.

많은 사람이 나에게 물었다. '가장 짧은 시간에 가장 빠른 결과를 얻으려면 어떻게 해야 하나요?' 그러면 나는 이렇게 대답한다.

"최고의 전문가에게 가서 물어보고, 올바른 방법대로 꾸준히 하면 됩니다."

나는 그간 21만 번이 넘게 수많은 사람을 케어한 경험을 바탕으로 보일러 숙련공처럼 이제는 누군가의 자세만 보아도 어디가 아픈지, 고치는 방법과 수단을 눈을 감고도 찾아낼 수 있게 되었다. 나는 지난 35년간 자타가 공인하는 근막 관리로 눈길을 끌어왔었다. 근막은 근육의 막을 말한다. 관절마다 근막이 있는데, 이것이 꼬였기 때문에 휜 다리가 풀어지지 않는 것이다. 근막을 관리하는 곳은 더러 있지만 사실 얕은 수준에 불과하다.

그러나 내가 하는 휜 다리 교정의 경우는 근막의 깊숙한 골막까지 다룬다. 이를테면 무릎은 위, 아래 뼈가 나뉘어 있는데, 위 뼈는 안쪽으로, 아래 뼈는 바깥쪽으로 근막이 있고, 그 안은 골막이다. 이를 풀면서 무릎뼈 안의 골막을 제자리에 돌려놓는다. 마치 사탕 봉지를 돌려서 까는 것처럼 무릎 근막을 푸는 것이다.

이 책 안에는 그간의 축적된 하체 관리에 대한 나의 노하우와 관리에 대한 모든 것들을 상세히 풀어두었다. 나는 대한민국 국민들이 더 건강해지고, 더 행복해지기를 바라는 마음뿐이다. 통계에 따르면 80% 이상의 사람들이 자신을 휜 다리로 여긴다고 한다. 강약의 차이는 있겠지만, 휜 다리 문제는 알게 모르게 우리 삶 깊숙한 곳까지 침투해 있다. 여기서 더욱 심각한 문제는 대다수가 휜 다리의 원인을 잘못 인지하고 있다는 사실이다. 대부분의 사람들은 다리뼈 자체가 휘었다고 오해한다. 하지만 사실 휜 다리는 뼈가 아니라 뼈와 뼈 사이에 있는 근막이 진원지이다. 다리가 휘는 원인 자체가 근막이 꼬였기 때문이라는 말이다. 인체는 각 부분이 유기적으로 연결되어 있다. 관절이 틀어지면 얼굴 대칭까지 흐트러지는 것이 인체의 원리이다. 골반이 틀어진 이들이 얼굴 비대칭을 호소하는 이유이기도 하다. 바꿔 말해 휜 다리는 뼈가 휜 경우보다 근막이 꼬였기 때문이므로 수술만으로는 잡을 수 없다는 말이다. 'O 다리', 'X 다리' 교정을 위해 수술을 찾지만, 부담스러운 휜 다리 수술비용은 고사하고, 그 효과도

보장받지 못한다. 얼마 전 휜 다리 교정을 받은 한 고객은 '내 몸이 이렇게 생겼고, 이렇게 쓰일 수 있구나.'라며 관리를 받으면서 몸의 원리까지 깨달았다고 후기를 남겼었다. 그는 관리를 하는 중에 많이 아팠지만, 관리를 통해서 잘못 자리 잡았던 근육들이 풀어지는 게 관리 횟수가 늘어날수록 느껴졌다며, 매번 열심히 몸을 풀어주신 선생님들께 감사한다고 말했다.

저는 오다리와 종아리가 고민이었어요. 다리 라인을 바꾸고 싶어서 받게 되었어요. 다른 관리실에서도 하체 관리를 받아보았는데, 다리의 부기는 조금 빠지는 듯 했으나, 다리의 라인은 안 바뀌더라고요. 그래서 여기저기 알아보다 이곳을 알게 되었고, 다른 곳에 비해 관리의 깊이가 다르다는 것을 확실히 알 수 있었고, 다리가 곧아지고, 엉덩이가 업 되어 라인이 예뻐졌어요. 확실히 눈에 보이는 효과가 있으니, 이제 '내 몸이 바뀔 수 있구나.' 하는 믿음과 자신감도 많이 생겼습니다.

새로운 나로 다시 태어나다

이 곳을 찾아온 사람들은 대부분 고통 속에서 변화하고자 하는 분들이 많았었다. 다이어트에 실패한 사람, 하체 비만 콤플렉스, 휜 다리 콤플렉스, 골반의 틀어짐으로 인한 통증 등등의 다양한 각자 나름의 문제들을 해결하려고 오신 분들이었다. 지친 마음을 이끌고 온 사람들의 표정은 하나같이 어두웠고, 힘들어하는 모습이었다. 그러나 관리 횟수가 많아질수록 그들의 표정은 밝아졌다. 주위 사람들에게 '다리 진짜 얇아졌다.', '얼굴 살 많이 빠졌다.', '얼굴이 좋아졌다.', '피부가 깨끗해졌다.' 등의 뜨거운 반응을 들으니, 그렇게 행복할

수가 없다고 했다. 다리 라인과 얼굴 라인이 바뀐 것을 스스로 느끼게 되고, 차츰 건강한 습관을 들이기 시작하니, 새로 태어나는 기분이라고 했다.

자신이 갖고 있는 콤플렉스 때문에 자신감도 잃게 되고, 늘 자기비하만 하며 살아왔었는데, 이제 자신에 대해 더 당당해졌다고 기쁨을 감추지 못하는 모습을 볼 때마다, 나 또한 기뻐지게 된다. 모든 사람은 본질적으로 자신을 스스로 만들 수 있다. 지금 당신의 모습은 선천적으로 타고난 체형이나 잘못된 습관에 의해서 만들어졌다고 할 수 있다. 그러나 앞으로의 당신은 온전히 당신 자신에 의해 새롭게 만들어질 수 있다. '사람은 대부분의 시간 동안 생각하는 바로 그 사람이 된다.'라는 진리는 몸에서도 마찬가지이다. 이제까지 관리를 받고, 빠르게 효과를 본 사람들의 공통점 중에 하나는 모두 긍정적인 기대를 갖고 관리를 받았다는 사실이다.

낙관론자들이 항상 생각하는 것은 무엇일까? 그들은 원하는 바와 그것을 성취할 방법에 대해 생각하면서 대부분의 시간을 보낸다고 한다. 그들은 목적지와 그곳에 도달할 방법만 생각한다. 희망에 대한 낙관적 생각이 그들을 행복하고 긍정적으로 만든다. 그 생각이 에너지를 증가시키고, 높은 수준의 실천을 하도록 자극한다.

반면에, 비관론자는 반대로 생각한다. 그들은 대부분의 시간 동안 원하지 않는 것에 대해 생각하고 말한다. 비관론자들은 싫어하는 사람, 과거나 현재의 문제점들을 생각하고 특히, 자신의 처지와 관련해 비난할 사람에 대해 생각한다. 원하지 않는 것과 비난할 사람에 대해 많이 생각하면 할수록 그들은 부정적인 사람이 되고 화를 많이 낸다. 그들은 일어나지 않기를 바라는 일들을 삶 속으로 더 많이 끌어당기며, 악순환을 스스로 만들고 있는 것이다.

그래서 지금, 이 순간에 우리가 어떤 생각을 선택하느냐는 정말 중요하다. 내 마음속에 건강하고 아름다운 나의 모습을 명확하게 그리고, 그 비전과 정신적 이미지에 집중하면, 더욱 더 빠른 결과를 얻을 수 있을 것이다. 더불어 자신에게 '나는 나를 정말 사랑해!', '나는 반드시 해낼 수 있어!'라고 반복해서 말하는 습관을 들여 보자! 대부분의 심리학자들은 하루 중에 자신이 했던 생각과 자신에게 했던 말에 의해 자신의 하루 중 95%가 결정된다고 말한다. 자기가 원하지 않고, 의

심하고, 겁내는 일에 움츠러드는 대신 원하는 일을 생각하고 말하도록 자신을 훈련하고 통제하는 것이 좋다.

그렇게 통제할 수 있다면, 당신은 아름다운 외형적 모습은 물론, 건강과 자신감, 당당함을 찾게 될 것이고, 그것들이 곧 당신을 더욱 행복한 사람으로 만들어 줄 것이다. 이제까지 아름답고 건강한 몸을 유지하는 자연 관리를 받으신 고객들의 생활 방식이 어떻게 바뀌었는지를 아래 여덟 가지로 간단히 정리해보았다.

1. 힘과 인내력을 기른다.
2. 숙면을 한다.
3. 자연성형 경락으로 더 강인하고 무기질이 풍부한 골격을 갖게 된다.
4. 보다 효율적으로 호흡한다.
5. 건강한 몸매와 체중을 조절하여 다이어트에 성공한다.
6. 스트레스와 걱정에서 벗어난다.
7. 행복한 마음을 갖게 된다.
8. 자기 자신을 더욱 사랑하게 된다.

전문적 근육·근막 관리, 건강한 식단과 자연성형 경락의 효과로 인위적인 미가 아닌 나 자체의 특별한 아름다움을 찾고, 자신을 진정으로 사랑하는 모습으로 거듭나는 것을 보는 것은 가슴 벅차오르는 일이다. 이 책을 읽는 모든 독자가 단순히 예쁜 몸매만을 만드는 것이 아닌, 내면의 아름다움과 건강한 몸매로 다시 태어나기를 기도한다.

Part 3

당신의 숨은 키를 찾아라!

나이가 들어서도 키가 클 수 있다!?

'나이가 들어서도 키가 클 수 있다고?' 휜 다리가 잘 교정되면, 내 안에 꼭꼭 숨어있던 키를 되찾을 수 있다. 휜 다리는 실제보다 키를 작아 보이게 만든다. 이러한 체형 때문에 각선미가 적나라하게 드러나는 짧은 치마나 스키니 진을 못 입는 여성들이 의외로 많다. 실제 다리 길이는 그다지 중요하지 않다. 보이는 다리의 길이를 실루엣 라인으로 만들어 주면 된다. 내 다리의 삐뚤어진 골격만 잡아줘도 1cm 정도는 길어진다. 또 굵기가 1cm만 얇아져도 더욱 길어 보인다. 휜 다리가 펴지면, 펴진 만큼이 내 키가 된다. 즉 다리가 벌어진 만큼 키로 가는 것이다. 사람마다 다르지만, 내가 관리했던 고객들의 경우를 보았을 때, 약 1cm~ 3.5cm까지 변할 수 있다고 보면 된다.

특히 청소년의 휜 다리교정은 키 크는데 더욱 도움이 된다. 관절의 균형을 바르게만 해주어도 성장기에 있는 아동과 청소년들은 훌쩍 키가 자랄 수 있다. 물론 영양 섭취도 중요하기 때문에 고단백질을 습관적으로 섭취해야 한다. 하지만 골격이 삐뚤어져 있는 상태에서 아무리 영양공급을 잘해도 그 효과는 미미하다. 골격이 반듯한 상태에서 고단백질의 영양 섭취는 나무에 주는 거름과도 같다.

고등학교 2학년 남학생이 자신의 휜 다리를 펴고 싶다고 찾아왔었다. 그의 키는 170cm 정도이었는데, 또래 남학생의 평균 키에 비해 작은 편이었고, 휜 다리로 인해 스트레스가 많아 보였다. 자신도 가능하겠냐며 고민이 많았던 그 학생은 양쪽 무릎 사이가 5~6cm가량 벌어져 있었다. 이 상태에서는 어떤 운동을 해도, 좋은 음식을 먹는다고 해도 별 효과를 보지 못한다. 휜 다리를 지금 펴지 않으면, 평생 마음고생 할 거란 생각이 든다며 정말 열심히 받았었다. 많이 아팠을 텐데도 꾹 참아가며, 휜 다리 교정을 받은 후에 키가 170cm 되었을 때, 그의 행복해하던 표정이 아직도 기억난다. 숨은 키를 찾게 된 그는 앞으로 더 열심히 관리를 받으면서 자신 안에 숨어있는 키를 더 찾아내겠다고 결심하던 모습이 눈에 선하다.

승무원이 되려면,
미리부터 휜 다리 교정을 해야 한다

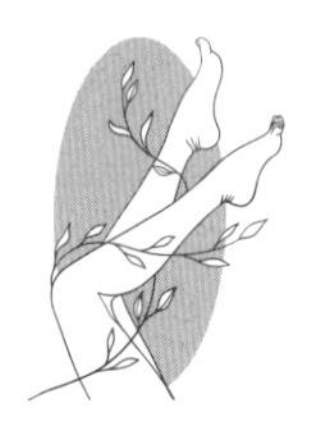

지난 35년간을 돌아보면, 승무원의 꿈을 가진 고객들이 참 많이 오셨었다. 유창한 외국어 실력은 물론, 서비스 마인드와 돌발 상황 대처능력 등의 탁월한 내적 능력부터 출중한 외모까지, 승무원의 채용조건이 까다롭다는 사실은 예나 지금이나 마찬가지다. 그중에서도 외모는 면접 시 화장법까지 정형화되어 있을 정도로 항공사에서 요구하는 유형이 있다고 한다. 이는 단순히 예쁘기만 한 것이 아니라, 신뢰감을 줄 수 있는 외모를 첫째 우선순위로 본다는 것이다. '하늘을 나는 꽃'이라고 불리는 승무원이 되기 위해 승무원들은 면접을 준비하는 과정에서 양쪽 다리가 붙지 않거나, 'O 다리' 'X 다리', 등 때문에 치마 입기가 꺼려져서 에스테틱 등을 찾는 이들이 많다.

특히 최근에는 남자 승무원 지망생들의 문의가 늘어나고 있는데, 스튜어디스뿐만 아니라 스튜어드에게도 이와 같은 체형 교정은 채용 조건을 갖추기 위해서는 물론, 이후 오래 서 있어야만 하는 실무에서도 꼭 필요한 조건이 되었다. 다리 교정을 위해 칼을 대는 이들도 있지만, 사실 비수술 교정 방법이 있으므로, 수기로도 충분히 개선이 가능하다. 휜 다리 관리는 우리 몸에 꼬인 실타래를 푸는 열쇠와 같다. 다리가 휘는 이유는 다양하지만, 이 때문에 오는 증상은 대동소이하다. 얼굴의 좌우가 비대칭이 되거나, 신발이 한쪽만 닳아 있는 등 균형이 망가진 증상이 나타난다. 이는 비단 대칭이 흐트러진 데서 그치지 않고, 우리 몸의 순환을 저하한다. 다리가 휘면서 우리 몸의 근육을 싸고 있는 막인 근막이 꼬이고, 림프와 혈액 선순환에 걸림돌이 된다는 말이다. 그러면 아무리 운동을 해도 하체 살이 빠지지 않거나, 몸이 차가워져서 변비에 시달리는 등의 증상을 겪는다. 미용상 스트레스뿐만 아니라, 하체 부종, 종아리 통증, 허리 통증 등에 시달리기도 한다. 이를 해결하려고 수술대에 오르는 이들이 많이 있다.

수술대라도 오르고 싶었다

하지만 뼈를 깎아내는 수술은 비용과 위험 부담이 클 수밖에 없다.

사실 다리가 휜 원인은 뼈가 아니라 근막에 쌓인 노폐물 때문이다. 근막과 더 나아가 골막에 쌓인 노폐물을 해소해 무게 중심축을 바꿔야 근원적인 원인이 해소된다. 수술을 하거나 걸음걸이를 바꾸는 노력만으로는 근본적인 원인을 해결하지 못하는 수박 겉핥기식에 불과하다. 근막 관리는 다리뿐만이 아니라 비대칭 얼굴과 골반 교정, 숨은 키 찾기 등의 효과까지 덤으로 덧붙여준다. 승무원 면접 전에 이 곳을 찾는 분들은 빠른 기간 내에 체형 교정을 호소한다. 하지만 근막을 풀어주려면, 일정한 시간이 필요하기 때문에 되도록 면접이 임박해서 오기보다는, 여유를 가지고 관리를 받도록 미리 방문하는 것이 도움이 될 것이다.

4개월 만에 할 수 있을까요?

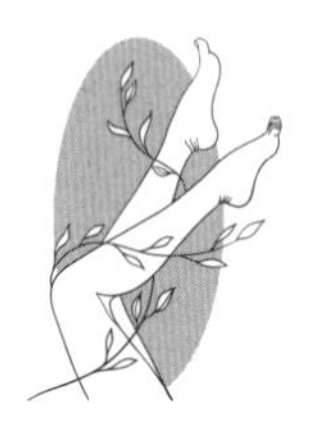

승무원 시험을 앞두고 심하게 휜 다리를 교정하기 위해 한 고객이 찾아왔었다. 그 당시 승무원의 지원 기준은 160cm 정도였는데, 그 당시 그녀의 키는 159cm 정도였다. 23살의 그녀는 키를 조금이라도 늘리기 위해 수술대에라도 오르고 싶다고 할 정도로, 꿈을 꼭 이루고자 하는 마음이 간절했었다. 수술하기에는 위험부담이 너무 크고, 잘못 되었을 경우에 대한 두려움이 더 컸기에, 사방팔방 알아보다가 이 곳을 찾아왔다고 했다. 다른 외모는 출중했지만, 휜 다리와 작은 키로 콤플렉스를 가지고 있었고, 그것 때문에 자신의 꿈을 포기하고 싶지 않아 했다. 지독히도 아파했던 관리를 참아낸 꾸준함은 그녀의 간절함이 뒷받침되었기 때문이었다. 관리를 통해 그녀의 휜 다리가 점점 펴지며, 결국 161cm까지 숨은 키를 늘리는 데 성공! 이후 그토록 원하던 항공사에 합격했다는 감격스러운 소식을 들었다. 그녀에게 휜 다리 교정은 예뻐졌다는 것 이상의 인생의 터닝 포인트까지 만들어낸 것이다.

무용을 전공하고 싶어 했던 한 중학생이 예고를 준비한다며 찾아왔었다. 이 곳을 찾아 왔을 때, 그녀는 식단관리로 인해 힘이 없었고, 고된 연습으로 다리가 많이 휜 상태였었다. 무용을 오래 했지만, 다리는 점점 휘어가고 있어, 심적으로 많이 지치고 절망한 상태였다. 각종 병원 관리를 받다가 체력을 모두 소진한 학생은 휜 다리 관리에만 집중하느라 레슨 시간도 반으로 줄였다. 사실 입시를 준비하는 학생의 경우 시간이 많지 않아 단기간에 효과를 봐야 하는데, 그러려면 관리의 강도가 매우 강해진다. 예고 입학만을 생각하며 학생은 그 고통을 모두 잘 참아냈다. 그리고 4개월 만에 휜 다리를 교정하고 결국 원하는 예술 고등학교에 입학할 수 있었다. 자신의 변화한 예뻐진 다리 라인을 보며, 관리를 지속적으로 받고 싶다고 하면서도, 그 아픈 고통을 다시 겪을 자신이 없다며, 억지웃음을 지으며 고개를 설레설레 하던 모습이 기억에 남는다.

Part 4

죽기 전에 치마 입어보는 게 소원입니다

휜 다리를 펴야
종아리 부종이 사라진다

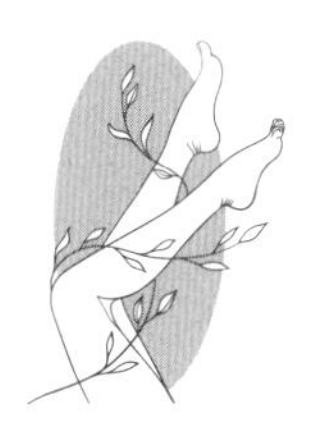

어렸을 때부터 휜 다리가 심해서 교정을 받으러 온 많은 고객들이 자신의 다리가 점차 교정이 되어가고 있는 모습에 신기해했다. 그들이 공통으로 했던 말은 '진작 알았더라면, 더 젊었을 때부터 치마를 입고 다닐 수 있었을 텐데.' 였었다. 휜 다리 때문도 있었지만, 종아리 부종 때문에 자신의 종아리를 내놓고 치마 한번 못 입어 보는 것이 한이 된다는 분들이 많았다. 종아리 부종을 빼려고 다이어트도 해보고, 여러 곳에 마사지를 받으러 다녀봤지만, 크게 효과를 본 적이 없었다는 것이다. 종아리 부종을 빼더라도 다시 돌아가는 요요현상은 바로 휜 다리 때문이다. 가장 큰 원인은 무게 중심축이 바깥쪽으로 가는 것이다. 높은 힐을 신는다거나, 앉아서 장시간 작업할 때 자세가 틀어져 있거나, 무게 중심이 새끼발가락 쪽으로 가면 안 된다. 안쪽 엄지발가락 쪽으로 서 있거나, 걷는 것이 습관이 되어있지 않으면, 다리는 점차 휘어지게 된다. 휜 다리의 정도가 더욱 심해지기 때문에 하루빨리 올바른 습관을 몸에 적응시켜야 한다.

휜 다리는 관절 마디마디 사이에 경직도가 굳어져 있다고 보면 된다. 종아리 부종은 그러기 이전 단계이다. 그렇기 때문에 종아리 부종이 쌓이기 전에 자주자주 풀어내 주어야 휜 다리가 되는 것을 막을 수 있다. 사람이 똑바로 서 있을 때 바깥쪽으로 휘어져 있으면 휜 다리이다. 발목이 틀어진 이들은 대부분 무릎과 골반까지 함께 틀어져 있다.

발바닥은 건물에 비유하면 건물의 주춧돌과 같다. 잘못된 자세와 습관과 환경으로 인해 발바닥과 발목이 휘어지고 골반도 틀어진다. 집을 지을 때 벽돌을 놓고 시멘트를 바르듯이 우리 몸은 뼈와 뼈 사이 마디마디에 근육을 싸고 있는 막과 그 안에 골막이 있다. 이것을 접었다 폈다 할 때에 이 마디가 움직이는데, 그 안에는 근막이 꼬여져 있다. 그 근막이 꼬이면 뼈가 휘어진다. 다이어트를 해도 요요현상이 따라온다든지, 어느 정도까지만 살이 빠지고 더는 살이 빠지지 않는 원인이 바로 여기에 있다.' 'O 다리'나 '종아리 알'도 이와 같은 맥락이다.

운동을 할수록
다리가 휜다고?!

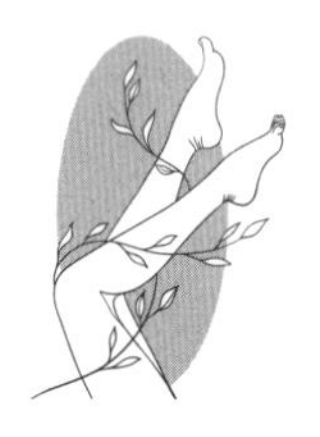

이미 다리가 휘어서 무게 중심이 바깥쪽에 있는 사람은 서 있기만 해도 다리에 부담이 간다. 이때 운동을 하면 더욱 부담이 커질 수밖에 없다. 그래서 무엇보다 자세 교정이 우선되어야 한다. 신체의 균형이 깨져서 무게 중심이 벗어나면, 엉덩관절(고관절), 무릎관절, 발목에 과도한 부담이 간다는 사실은 불 보듯 뻔할 것이다. 거기에 운동을 하려고 몸을 크게 자주 움직이게 되면 어떨까? 당연히 부담도 늘어날 것이다. 또 다리가 휘어서 중심이 바깥으로 쏠렸기 때문에 바깥쪽 근육만 단련되므로 근육의 균형까지 나빠진다. 결과적으로 '엉덩관절', '무릎관절', 발목에 더더욱 부담이 실린다. 그러다 보니 'O자 다리'와 '안짱다리'가 더 심해질 수밖에 없다. 건강해지기 위해 걷기나 달리기를 하는데, 그게 도리어 몸을 상하게 한다니, 무섭고 안타까운 일이 아닐 수 없다. 그래서 자신의 몸을 제대로 알고 시작해야 한다는 것이다. 격렬한 운동은 휜 다리를 교정하고 몸의 무게 중심을 바로잡고 나서 하는 게 좋다. 그러나 그때까지 기다리기 힘들다면 적어도 자세를 개선하면서 운동하는 것이 좋다.

휜 다리 체형인데 걸음걸이가 팔자걸음이라면, 휜 종아리가 점점 더 휘게 된다. 이런 경우에 무게 중심이 새끼발가락 쪽으로 가게 된 상태로 걷는 운동을 하게 되면 더욱 팔자걸음이 된다. 항상 걸을 때는 엄지발가락 안쪽과 무릎 안쪽에 힘을 줘야 한다. 걸을 때마다 안쪽 무릎이 스치는 소리가 들릴 정도로 걷는 것이 좋다. 또 무릎뼈를 중심으로 골고루 주변을 잘 풀어주는 습관을 권한다. 특히 발목 복숭아뼈를 중심으로 바깥쪽 선을 원을 그리듯 잘 풀어줘야 한다. 다시 강조하지만 휜 종아리를 '11'자 다리로 펴지는 종아리를 만들기 위해서는 걸을 때 엄지발가락 안쪽과 무릎 안쪽에 힘을 주어야 한다. 걸을 때마다 안쪽 무릎이 스치는 소리가 날 정도로 걸으며 무릎뼈, 발목 복숭아뼈를 중심으로 원을 그리듯 바깥쪽 선을 잘 풀어주면, 내 마음에 드는 예쁜 '11'자 종아리 라인을 가질 수 있다.

종아리가 풀리면, 인생이 풀린다

종아리 뒤쪽에 있는 근육은 발목을 펴거나, 발을 바닥 쪽으로 굽히는 데 사용된다. 장딴지를 만드는 근육은 종아리 세 갈래 근(장딴지 근의 두 갈래와 가자미 근)이다. 근육의 힘줄은 발꿈치 힘줄로 이어진다. 대표적으로 아킬레스건이 발꿈치에 붙어있다. 특히 종아리 부종을 체크하는 방법으로는 아킬레스건을 잘 살펴봐야 한다. 아킬레스건은 얇으면 얇을수록 좋다. 그래서 발목의 사이즈가 가는 것은 좋은 것이다. 물론 뼈의 굵기는 적당히 굵어야 한다. 발목 관절에 붙어 있는 근육과 물컹물컹한 부종과 셀룰라이트('오렌지 껍질 모양'의 피부 변화)가 얇을수록 좋다는 것이다.

종아리는 제2의 심장이라고 불릴 만큼 중요한 근육 기관이다. 우리가 활동하는 중에 인체의 중력이 하체에 약 70% 이상이 몰린다고 한다. 특히 오래 서 있거나, 의자에 오랜 시간 앉아있으면, 혈액이 하체로 계속해서 몰려 순환이 잘 되지 않는다. 그렇게 반복되다 보면 사람의 몸은 더디게 작동이 될 수밖에 없다. 그러면 종아리는 퉁퉁 붓게 되고, 가끔 쥐가 나기도 한다. 증상이 더 심하면 종아리에 통증을 느끼기도 한다. 그래서 종아리의 혈액이 쌓이지 않도록 혈액을 심장으로 다시 밀어 올리는 펌핑 작용은 매우 중요하다. 종아리의 부종이 쌓이면 혈류가 막혀 혈전이 생기기가 쉽다. 혈액이 원활하게 흐르지 않으면 몸은 순환이 되지 않아 그 기능을 제대로 하지 못하게 된다. 때문에 종아리를 풀어내는 것은 몸의 건강을 위해서 반드시 필요한 것이다.

종아리를 만져보면 몸과 마음의 상태를 알 수 있다. 종아리 다이어트를 하면 만병을 예방하고, 몸의 건강을 찾을 수 있다. 종아리가 풀리면 인생이 풀린다고 해도 과언이 아니다. 변기가 막혔을 때 물을 100g씩을 밤새도록 부어도 그 변기는 쉽게 뚫리지 않는다. 사람의 몸 역시 유사하다. 전체의 순환을 위해 한 번에 깊게, 시원하게 뚫어주는 것이 좋다. 이러한 방법을 이용해 근막을 풀어주는 것이 그 해답이다. 막힌 변기를 한 번에 뚫어버리는 식으로 막힌 근막의 길을 풀어내어 주는 것이다.

최대한 빨리 효과를 보고 싶으면, 강도조절을 하면 된다. 그러나 너무 아파서 천천히 효과를 보고 싶으면, 서서히 진행해도 된다. 물론 결과는 내가 진행한 만큼만 얻을 수 있을 것이다. 강도조절이 중요하기 때문에 포인트 점을 정확히 인지하고, 강도를 본인이 원하는 만큼 진행하면 된다. 이 책을 통해서 나의 몸의 소중함을 알고, 계획을 세워 실행하는 방법을 배운다. 몸은 정직하다. 몸의 주인인 내가 사용한 만큼 현재의 내 몸 상태로 나타난다. 특히 종아리는 온몸을 사용한 후에 가장 찌꺼기가 많이 모여 있는 곳이다. 종아리만 잘 풀어내도 몸의 피로는 금방 사라진다. 종아리가 부종이 없어지고, 휜 다리가 일자 다리가 되면, 나의 몸의 회로는 좋아지고, 휜 다리도 예쁜 다리로 변해 있을 것이다.

아름다운 몸매는 미인의 필수요건이라고 말할 수 있다. 얼굴은 예뻐도 몸매가 형편없다면, 완전한 미인이라고 할 수 없다. 쭉 뻗은 각선미는 아름다운 몸매의 기본이다. 우리나라의 젊은 여성들 약 90% 정도가 휜 다리라는 보고가 있다. 상대적 평가라기보다는 절대적 평가에 가까울 수 있다. 사람들은 대부분 자신의 기대치만큼의 결과를 얻고 싶어 한다. 그러나 대부분의 많은 젊은 여성들이 높은 굽의 하이힐을 즐겨 신는다. 이는 다리가 길어 보이고 싶기 때문이다. 그러나 이런 높은 굽의 하이힐을 장시간 신고 있으면, 걸음걸이의 무게 중심이 바깥 측으로 이동되어 다리는 점점 벌어지게 된다. 다리를 꼬는 것도 좋지 않다. 이런 습관들은 점점 휜 다리가 되어가는 원인이 된다. 이렇게 휜 다리의 원인이 습관을 고치는 것이 가장 좋은 방법이다.

종아리 펴고,
돈도 많이 벌게 되었어요!

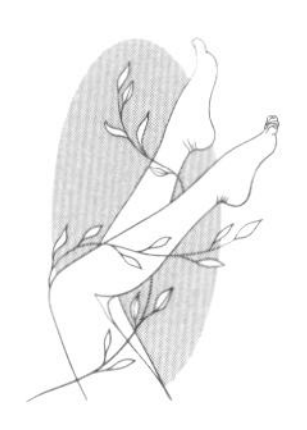

하이힐은 많은 여성들이 절대로 포기하지 못하는 패션 아이템이라고들 한다. 다리를 길어 보이게 하려고 높은 하이힐을 장시간 신고 다니는 젊은 아가씨들을 보면, 매우 안타깝다는 생각이 든다. 그리고 그 아가씨들이 다리까지 휘어 있으면, 더욱더 그런 생각이 든다. 휜 다리에 높은 하이힐을 신으면, 다리는 무게 중심축이 바깥쪽으로 더 돌아간다. 그렇게 되었을 때, 다리는 더욱더 휜 다리가 되고, 악순환의 연속이 될 수밖에 없다. 그러면 순차적으로 허리통증이 자연스레 찾아온다.

어느 백화점의 매니저인 한 고객은 항상 예민해져 있었다. 그녀는 작은 일에도 신경질적이었다. 이 곳을 찾아왔을 때에 발목이 어디인지 모를 정도로 종아리와 발목이 퉁퉁 부어 있었다. 온종일 높은 하이힐을 신고서 일을 하다 보니, 피로는 종아리에 쌓여 있었고, 몸의 컨디션은 항상 불쾌지수가 높아져 있었다. 다리는 점점 바깥쪽으로 휘어져 가고 있었고, 몸의 통증은 점점 심해져 갔다. 종아리 부종과 휜 다리 관리를 진행할수록 무엇보다 눈에 띄게 달라진 점은 그녀의 표정이었다. 언제나 짜증이 치밀어서 예민하게 굴던 그녀가 자주 웃기 시작하면서, 주변에서도 성격이 좋아졌다는 이야기들을 많이 들었다고 했다. 종아리와 발목 부종이 줄어들고, 다리가 조금씩 펴지며, 허리 통증도 줄어들기 시작했다. 그녀는 다리가 쭉 뻗어갈수록 매출이 상승해서 돈도 더 많이 벌게 되었다며 기쁨을 감추지 못했다.

나는 지금껏 21만 번 넘게 많은 사람을 시술한 경험을 바탕으로 이제는 자세만 보아도 어디가 아픈지, 그 사람의 정신의 상태는 온전한지 헤아릴 수 있을 만큼 귀신이 다 되었다. 평소에 허리가 구부정한 사람은 집중력이 없다. 그래서 판단력이 둔하고, 결단력이 부족하며, 기억력도 떨어져서 늘

정신이 멍하다. 등이 구부정해서 턱이 앞으로 나온 사람은 늘 안절부절못하고 사소한 일로도 짜증을 낸다. 목덜미에서 머리로 향하는 척추동맥 혈관이 짓눌려서 뇌로 가는 혈액의 흐름이 나빠졌기 때문이다. 다리가 휘어져 있는 사람은 쉽게 피로를 느끼고, 짜증이 그림자처럼 따라다닌다. 작은 것에 예민해서 신경질적으로 대하니, 에너지가 더더욱 낮아질 수밖에 없다.

나는 지난 35년간 사람의 건강을 먼저 생각하는 'Hand Massage & Message'의 가치를 가장 우선시하였었다. 사람들은 자연치유를 통해 몸이 더 가벼워지며, 성격이 더 밝아지고, 인간관계 또한 더 원활해지는 것을 보아왔다. 등이나 허리가 구부정한데도 문제가 없다고 생각하는 사람은 자기가 늘 멍하거나 짜증을 낸다는 사실을 스스로 자각하지 못할 뿐이다. 다리가 펴지고 내 몸이 제자리로 돌아왔을 때, 자신이 그동안 얼마나 고통스러웠는지, 왜 괜한 짜증을 냈는지 깨닫게 된다. 그리고 그 순간 '아, 내가 지금 건강해지고 있구나!', '지금 더 좋아지고 있구나!'라며 환한 미소를 짓게 된다. 관리를 통해 삶이 변화되고 있는 분들을 보고 있노라면, 내 마음까지도 따스하게 치유되는 듯하다.

파킨슨병으로
고통 속에서 포기했던 그녀

70세의 파킨슨병이란 진단을 받은 친정어머니를 모시고 딸이 찾아왔었다. 파킨슨병으로 고통 속에서 많은 것을 포기했던 그녀였다. 보통 중년이 넘어서면서 발목, 무릎, 허리 통증을 달고 살게 된다. 그저 노화 탓으로 돌리고 신경쓰지 않는 사람들이 많다. 70세의 친정어머니는 다리가 저려서 밤새 잠을 잘 수가 없다고 했다. 병원에서도 치료할 수 없다고 포기한 상태라고 했다. 나이는 숫자에 불과하다고 했던가? 그 어머님께서는 정신력이 매우 강하신 분으로 자신이 건강 하고자 하는 의지가 정말 강하셨다. 골반과 척추의 균형은 다 틀어져 있었고, 다리 역시 바깥쪽으로 축이 돌아가 있었고, 관리되어야 할 부분들이 많았지만, 모두 다 해낼 수 있다는 강한 의지를 다시 한번 보여주셨다. 관리를 진행하면서 매일 근육을 단련하기 위해 계단 오르내리기, 안쪽 엄지발가락에 무게 중심 싣기 등을 꾸준히 잘 실천하셨다. 처음에 오셨을 때는 발가락조차 잘 움직이지 못했는데, 지금은 발가락도 잘 움직이고 걷기도 잘하신다. 이렇게 연세 가 많으신 분들도 노력의 의지만 있으면 할 수 있다. 자연의 노화 현상을 어쩔 수 없이 받아들이지 말라. 현실의 환경을 탓하지 말라. 내 노력으로 무게 중심축을 바꾸면, 불균형한 자세로 인해 휘었던 다리를 펴면, 허리 통증, 다리 저림 통증이 사라질 수 있다.

저는 걸어 다니는 종합병원입니다

예전에는 휜 다리 콤플렉스로 인해 치마를 입지 못하는 이유로 문을 두드리는 고객들이 다수였지만, 최근에는 통증을 호소하는 이들의 수도 부쩍 늘고 있다. 주로 허리나 목, 어깨 등의 통증을 호소하며 오시지만, 사실 진짜 통증의 원인은 국소 부위에 있는 게 아니라, 골반과 척추가 연결된 다리가 휘어서 이 같은 증상이 나타나는 것이다. 다리는 골반과 척추와 연결돼 유기적으로 움직이기 때문이다. 다리가 휘어 균형이 틀어지면 몸이 적신호를 켠다. 신호는 통증으로 오고, 미미했던 통증이 점점 눈덩이처럼 불어난다. 무릎뼈를 자세히 보면 위와 아래가 다르다. 무릎뼈 아래, 다리의 시작과 끝을 '기시점'이라고 하는데, 이곳이 점점 휘어지면 무릎뼈의 축도 돌아간다. 그러면, 무릎에서 위로 고관절까지의 허벅지에 있는 뼈와 근육도 망가진다. 이후에는 자연히 골반과 척추가 틀어진다. 그래서 다리만이 아니라 무릎 관절을 맞추고 척추와 골반의 균형도 잡아줘야 한다.

실제로 '거북목', '라운드 숄더', '어깨통증', '척추측만' 등의 증상을 보이는 이들이 휜 다리 교정을 받고 나서 엄청나게 호전되었고, 얼마 전에는 70세 파킨슨병 환자가 골반교정 관리 후에 통증이 줄어들기도 했다. 젊었을 때는 다리가 휘었다고 해서 통증이 일어나지는 않는다. 하지만 나이가 들면서 불균형한 자세가 쌓이고, 근육을 싸고 있는 근막도 점점 더 꼬인다. 결국 중년에 이르러서는 고질병처럼 '거북목', '일자목', '척추측만', '척추 옆굽은증' 등이 따라다니게 된다. 그러므로 자신이 휜 다리나 오다리인 것 같으면, 조속히 조치를 취하는 것이 좋다. 그래서 한 살이라도 어릴 때 근막 관리를 통해서 자세를 바로 잡아야 한다. 근막은 체형을 바르게 잡는 열쇠와 같다. 근막이 꼬이면서 근육이 뭉치는 것이므로 원인인 근막부터 해결하는 것이다. 더욱이 근막의 깊은 곳인 골막까지 건드릴 수 있다면, 금상첨화라고 할 수 있다.

공부하기 위해 많은 시간을 책상에서 보내야 하는 수험생, 취업 준비생들은 대부분 허리 병을 달고 산다고들 한다. 그래서 시험이 끝나면, 병원을 찾기가 일쑤이다. 운동 부족과 몸의 관리 부족으로 허리 통증과 종아리가 저리다고 많이 호소한다. '척추측만증'으로 고생하던 고등학교 2학년 학생이 찾아온 적이 있었다. 학교에서 친구들의 장난으로 인한 본의 아닌 사고가 있었는데, 그 사고로 인해 '척추측만증'으로 병원 치료 후에도 계속해서 구토와 경기를 자주 일으키는 상태였었다. 이 곳을 찾아왔을 때에는 척추가 이미 틀어져 있었고, 골반 또한 균형이 잡히지 않았고, 심한 허리통증을 호소했었다. 근육 마사지를 잘하는 곳을 사방팔방 다 찾아다녔고, 병원치료도 병행했었지만, 별다른 효과가 없었다고 한다. 게다가 자주 체하고 토하며, '경기'를 자주 일으키다 보니, 곁에서 지켜보는 가족의 고통은 이루 말할 수 없었다고 한다. 그 학생은 골반 균형과 척추의 근막 관리와 휜 다리 관리를 일주일에 한 번씩 거의 1년간을 열심히 받았다. 그사이 토하는 증상과 경기하는 증상은 거의 없어졌다. 다리가 곧게 펴지기 시작하며 허리통증도 사라졌다. 그 효과를 절감한 그 어린

친구는 지금도 꾸준하게 관리를 받고 있다. 건강해질수록 본연의 모습으로 천진난만한 미소를 짓는 모습을 보면서 보람을 느꼈다.

Part 5

기적의 종아리 실종 셀프케어 시크릿

휜 다리교정 셀프 교정이 집에서 얼마나 가능할까?

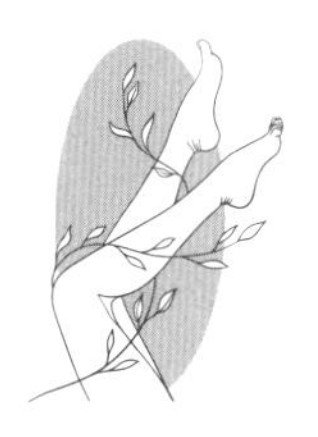

휜 다리 교정은 수술밖에는 다른 방법이 없다고들 한다. 그러나 예전에 어느 매체에서 보니, 어떤 사람이 휜 다리를 수술하다가 잘못된 경우를 본 적이 있다. 대부분의 사람들이 수술을 겁내 하는 이유는 천만 분의 일이라도 나에게 벌어질 일이 될 수 있기 때문에 무서운 것이다.

대부분의 휜 다리의 경우를 보면, 휜 다리나 오다리는 뼈가 휜 것이 아니다. 무릎과 발목, 골반의 위와 아래 균형이 어긋나서 생기는 현상이다. 무릎을 자세히 살펴보면, 무릎뼈 위와 무릎뼈 아래가 연결되어 있는 관절 부분이 반듯하지 못하다. 즉 무릎의 중심축이 틀어진 것이다. 이것은 무릎 안에 있는 근막들이 잘못 꼬여있기 때문이다. 근막에 적신호가 켜지면, 각 기관들 역시 이상 징후를 보일 수밖에 없다. 근막은 근육을 보호하면서 움직이는 방향과 각도까지 결정하는 역할을 한다. 이러한 근막은 잘못된 자세와 스트레스 등으로 인해 잘못 꼬여서, 우리 몸의 모든 관절 마디마디에 내재되어 있다.

근막 깊은 곳을 풀어보면 더욱더 깊은 골막이 나온다. 그 깊은 골막까지 관리해준다면 호전 속도는 더욱더 빨라질 수 있다. 골막 관리는 더욱더 까다롭고 어려운 관리이다. 다시 말하자면, 통증이 심해서 많이 아프다는 것이다. 골막을 풀어내려면 먼저 근막의 표면부터 풀어낸 다음에 점점 깊이 들어가 뼈와 뼈 사이에 있는 막 골막까지 도전한다면 집에서도 휜 다리교정을 스스로 할 수 있다.

기억하자! 당신의 아주 작은 습관 하나로 당신의 삶 전체가 바뀔 수 있다는 사실을! 인생의 성공과 실패는 종이 한 장 차이라고 생각한다. 당신이 매일 어떤 습관을 선택 하는가에 따라 당신의 삶이 이제 바뀔 것이다!

고민정 원장의
휜 다리 셀프 교정 TIP

TIP 하나!

휜 다리 셀프 교정 시 회 차를 거듭할수록 점점 누르는 강도를 높여본다. 혼자서 하더라도 근막은 아주 세게 풀어야 더 큰 효과를 기대할 수 있다. '악!' 소리가 나올 만큼 해야 하는데, 더 중요한 점은 근막의 위치를 정확히 알아야 한다는 것이다. 이 방법으로 매일 10분씩, 10일 동안을 투자한다면, 당신의 휜 다리는 매끈한 종아리 라인으로 변해있을 것이다.

매일매일 셀프 교정 전 찍었던 사진들을 서로 비교해 보자. 근막의 시작점과 끝점을 정확히 알고, 정확한 위치를 강력한 힘으로 누르다 보면, 아픈 통증만큼 즉시 눈에 보이는 효과를 얻을 수 있을 것이다.

TIP 둘!

휜 다리와 종아리 부종을 한꺼번에 해결하려면, 아주 깊고 세게 그리고 매우 아프게 해야만 효과를 극대화 할 수 있다. 그렇게 해야만 본인이 원하는 결과를 얻을 수 있다. 가장 효과적인 결과를 얻는 방법은 골막 관리이다. 내 다리가 어떻게 휘어있는지를 먼저 파악하고, 셀프 교정 방법을 정확히 배워 실행하면, 만족할만한 결과가 나올 것이다.

그동안의 방법을 다시 한번 점검해 보자. 먼저 목표치를 정해 놓는 것도 방법이다. 예를 들면 바깥쪽 종아리 휘어진 각도에서 3% 바르게 세우기 최대치까지 휘어진 종아리를 세우고 중간 점검을 한다. 다시 출발하여 3% 바르게 세우기를 실행한다. 이렇게 '목표-실행-체크'를 반복한다. 이렇게 실천하다 보면, 종아리 부종이 먼저 풀리고 그다음으로는 조금씩 바깥쪽부터 휜 다리가 펴지는 것을 느낄 것이다.

TIP 셋!

휜 다리의 근막 포인트 점을 먼저 해결하고 나서는, 골막 깊은 곳의 포인트 점까지 도전해 보자! 참고로 근막의 포인트 점과 골막의 포인트 점은 동일하다. 단지 깊이가 더 깊을 뿐이다.

TIP 넷!

사람의 몸에서 관절은 매우 중요하다. 관절 마디마디 사이가 자세의 불균형으로 제대로 기능을 하지 못하면 몸의 균형은 깨지고 만다. 건강한 관절은 무리 없이 뼈를 움직이게 하는 역할을 한다. 뼈와 뼈 사이 즉, 관절에는 윤활액으로 채워져 있다. 특히 종아리는 몸을 지탱하는 부분 중에서 큰 역할을 한다. 관절은 우리가 몸을 움직일 수 있게 하기 위해 뼈와 뼈를 연결해준다. 예를 들면, 문짝과 문틀을 연결해주는 경첩과 같은 것이다. 다시 말하면, 관절은 뼈가 부드럽게 움직일 수 있도록 도와준다. 곧, 휜 다리 교정은 대부분이 뼈의 이상이 아니라는 것을 뜻한다. 근육을 지나치게 많이 사용하거나, 너무 사용을 안 하거나 하면 근육은 긴장되어 간다. 그리고 차츰 시간이 지나서 쉬어줌으로써 점점 회복이 된다. 그런데 아직 회복이 되지 않은 상태로 근육을 사용하게 되면, 근육은 아프다고 통증으로 신호를 보낸다. 손상된 근육 중 통증 부위에 독소 찌꺼기가 남아 있는 것이다. 이 관리를 통해 근육의 독소를 림프계로 보내는 방법을 알게 되고, 관절과 관절 사이의 찌꺼기를 꼭 해결해야 하는 이유를 알게 된다.

특히 종아리는 몸을 지탱하는 부분 중에서 큰 역할을 한다. 이 책 속에 35년간 몸을 관리한 임상 전문가로서 가장 큰 효과를 내는 핵심적인 내용을 담고자 했다. 원인 여하를 따지지 않더라도, 근육과 관절이 무리가 되었을 때, 뭉친 근육과 아픈 관절을 풀어 주는 스트레칭 도구들이 시중에 많이 있다. 다양한 기구를 활용해서 체형교정 효과를 기대하지만, 대부분의 사람들이 정확한 원인을 모른 상태로 하는 경우가 많아 그 효과가 더디게 나타난다. 휜 다리 교정이나 오다리 교정 방법은 병원에서 수술 시 높은 비용과 고된 신체적 노력이 수반된다. 또한 때에 따라서는 부작용이 동반될 수도 있다. 비용이 많이 들어가는 수술과 달리 오다리 셀프 교정은 집에서도 손쉽게 실천할 수 있는 방법이다. 도구 역시 주변에서 손쉽게 구할 수 있는 것들이다. 손쉽게 구할 수 있는 도구들을 이용하여 집에서 누구나 따라 할 수 있는 셀프 관리법이다. 교정 비용이 높은 수술과는 다르게 집에서도 쉽게 실천할 수 있다. 따라 하면 즉각적인 효과를 볼 수 있는 방법을 수록하였다.

Secret 1

여리 여리 예쁜 발목

Day 1 발목 안쪽 부종 빼기

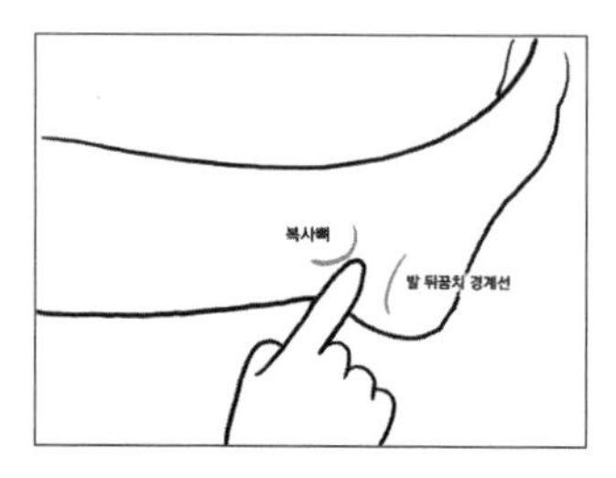

1_1 다리를 안쪽으로 접어서 안쪽 복사뼈와 안쪽 발뒤꿈치 경계선을 촉진해본다.

1_2 발뒤꿈치 경계선부터 복사뼈 쪽으로 깊게 밀어준다. 한 손가락으로 관리하기 어려울 수 있으니, 양쪽 엄지손가락을 포개서 밀어줘도 좋다.

1_3 이때 두둑함이 느껴진다면, 잘 찾은 것이다. 같은 동작을 5회 진행 후 두둑한 느낌이 매끄러워졌는지 체크한다. 그렇지 않다면 5회 재진행 후, 다시 체크하는 방법으로 순서를 반복한다.

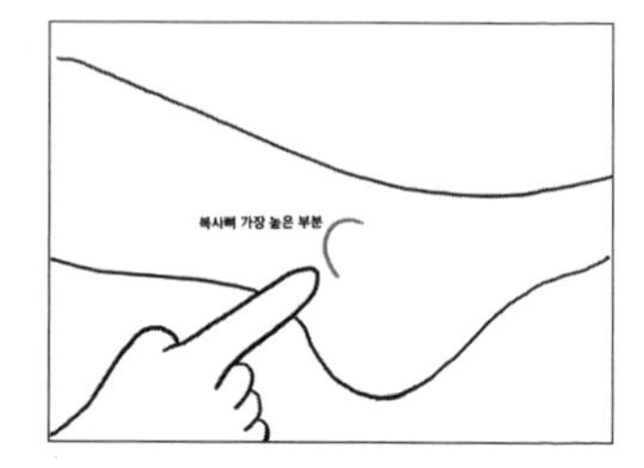

2_1 복사뼈의 가장 높은 부분에서 약 1cm 정도 위로 올라온 자리를 찾는다.

2_2 양쪽 엄지손가락을 포개서 45도 각도 안쪽으로 잡은 상태로, 발목 앞쪽 방향으로 깊게 밀어준다.

2_3 같은 동작을 5회씩 반복해준다. 횟수가 거듭할수록 더 깊게 하고, 단단히 굳어 있는 부분을 풀어준다.

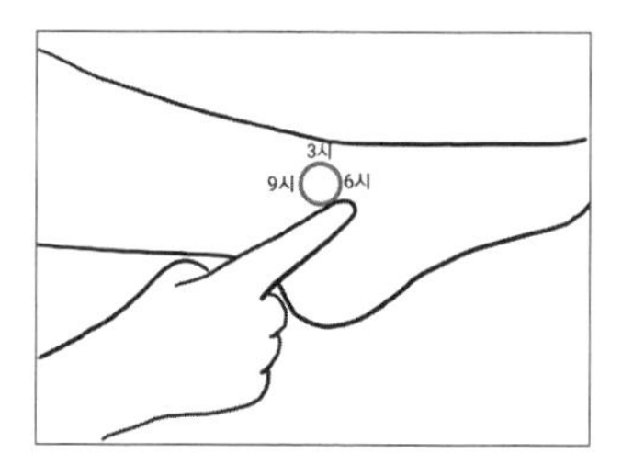

3_1 안쪽에서 아래쪽까지 복사뼈의 경계선을 찾아 풀어준다. 예를 들어, 복사뼈를 원형으로 두고 이를 시계라고 생각해보자. 위쪽을 12시, 아래쪽을 6시라 생각하고, 1시~6시 방향을 모두 풀어준다.

3_2 이때 2번 그림처럼 45도 각도로 손가락을 걸로 풀어준다. 흡사 복사뼈를 들어 올린다고 생각하면 된다.

3_3 이 부분은 1번 그림과 2번 그림처럼 잡을 수 있는 위치가 아니기 때문에, 두 번째와 세 번째 손가락을 갈고리처럼 만들어서 풀어주면 조금 더 쉽다.

3_4 같은 동작을 5회 반복한 후에 복사뼈가 또렷이 만져지는지 체크한다. 그렇지 않다면 5회를 재진행 후, 체크하는 순서를 반복한다.

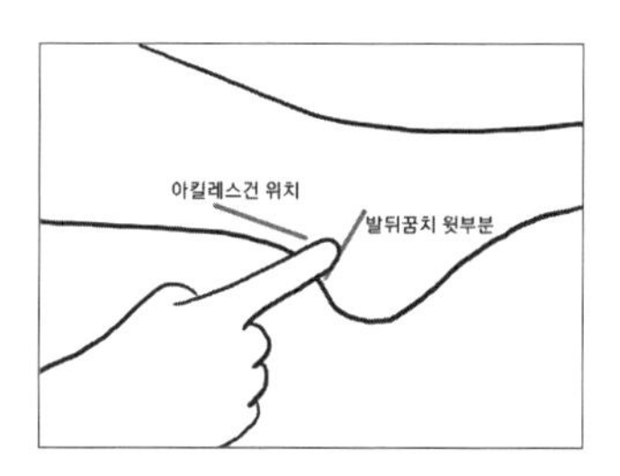

4_1 아킬레스건의 끝나는 지점부터 발뒤꿈치와 처음 만나는 경계선을 찾는다.

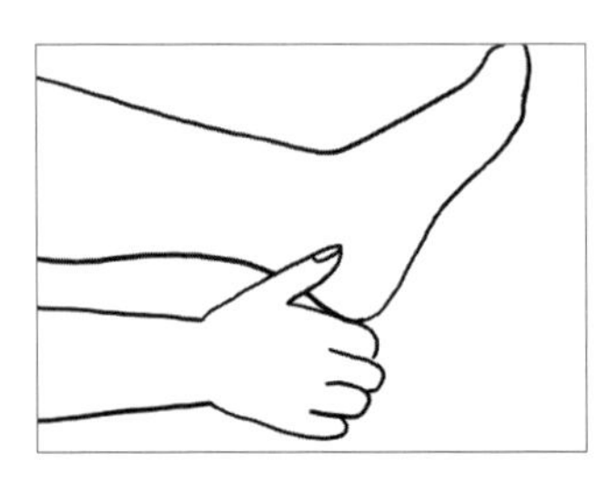

5_1 경계선을 찾았다면 양쪽 엄지손가락을 포갠 후 45도 각도 잡아주고, 발아래 쪽 방향으로 분리시켜준다.

5_2 같은 동작을 5회 반복하고 체크한다. 만약 계속 미끄덩거린다면, 5회 재진행 후 체크하는 순서를 반복한다.

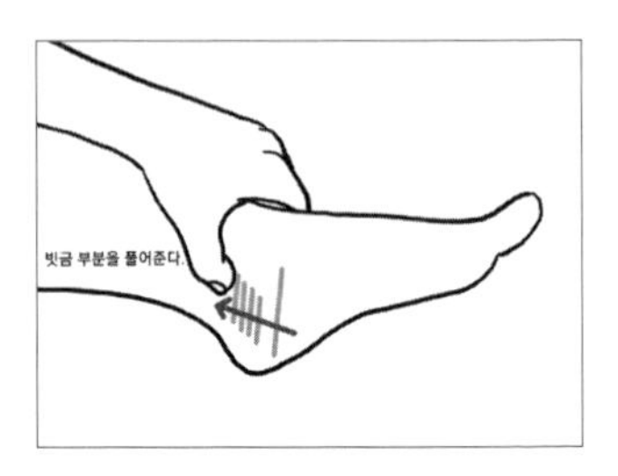

6_1 5번 그림 연결선에서 다시 복사뼈 쪽으로 풀어준다.

6_2 양쪽 엄지손가락을 포개서 45도 각도 안쪽으로 깊게 잡아준다.

6_3 복사뼈 쪽으로 올라가면서 풀어준다.

6_4 같은 동작을 5회 반복하고, 우둑거리는 부분이 풀어졌는지 체크한다. 그렇지 않다면 5회 재진행 후 체크하는 순서를 반복한다.

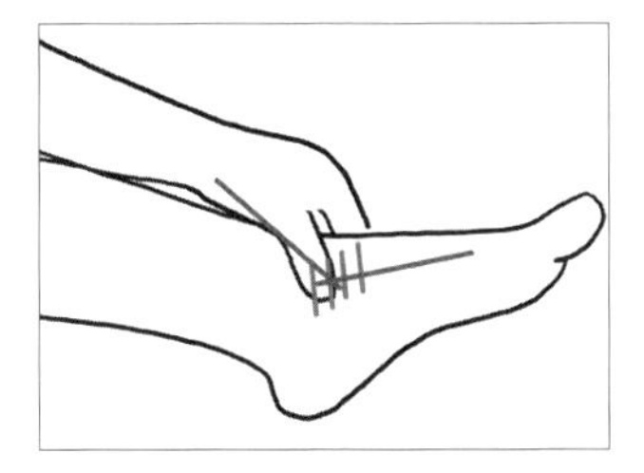

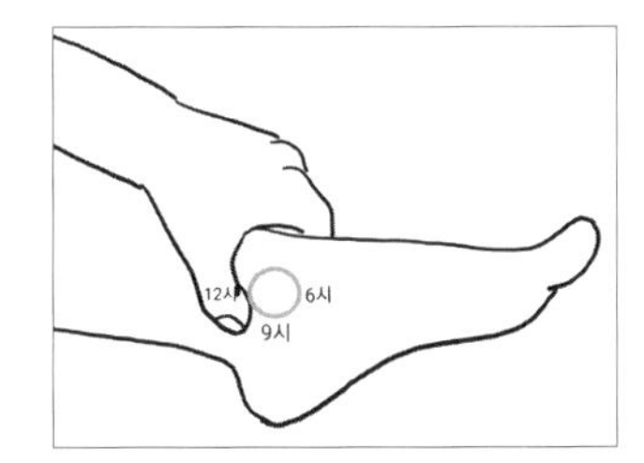

7_1 엄지발가락에서 안쪽 복사뼈 쪽의 연결선과 발목 중앙선에서 아래쪽으로 선을 그었을 때의 교차점을 찾는다.

7_2 교차점을 찾았다면, 양쪽 엄지손가락을 45도 각도 안쪽으로 깊게 잡고, 복사뼈 쪽으로 풀어준다.

7_3 같은 동작을 5회 반복한 후 우둑거리는 부분이 풀렸는지 체크한다. 그렇지 않다면 5회 재 진행 후 체크하는 순서를 반복한다.

8_1 6번 그림과 7번 그림의 마지막 교차점을 찾는다.

8_2 3번 그림에서 예를 들었던 시계를 다시 한번 그려보자. 이제는 반대 방향인 6시부터 12시까지 풀어준다.

8_3 양쪽 엄지손가락을 포개서 45도 각도 안쪽으로 깊게 잡고 풀어준다. 흡사 복사뼈를 들어내는 모습을 생각하면 된다.

8_4 같은 동작을 5회 반복한 후 매끄럽게 길이 생겼는지 체크한다. 그렇지 않다면 5회 재진행 후 체크하는 순서를 반복한다.

Day 2 발목 위쪽, 앞쪽 부종 빼기

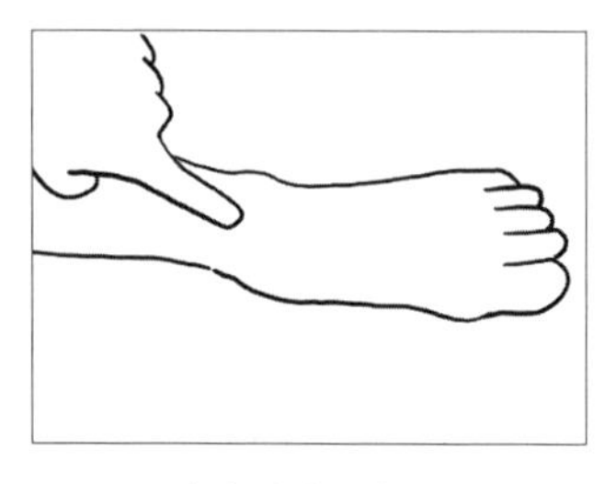

1_1 두 번째 발가락에서 발목 쪽으로 손가락을 집고 쭉 따라와 본다. 발목으로 올라가기 전 바로 움푹 들어간 곳이 느껴질 것이다.

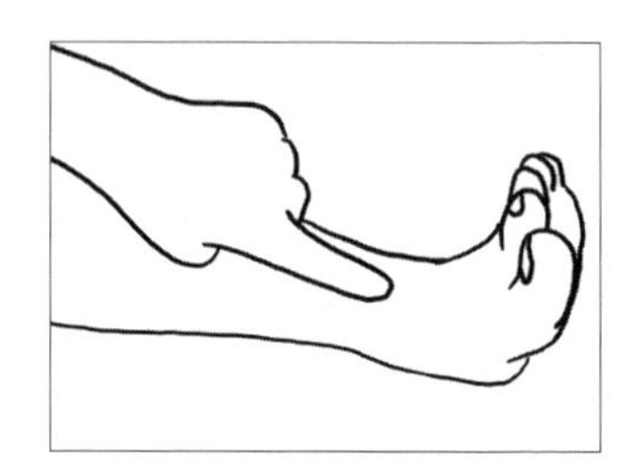

2_1 움푹 들어간 곳을 깊게 누르고 있는 상태에서 발끝을 몸 쪽으로 당긴다. 더 정확한 위치를 찾기 위해서이다.

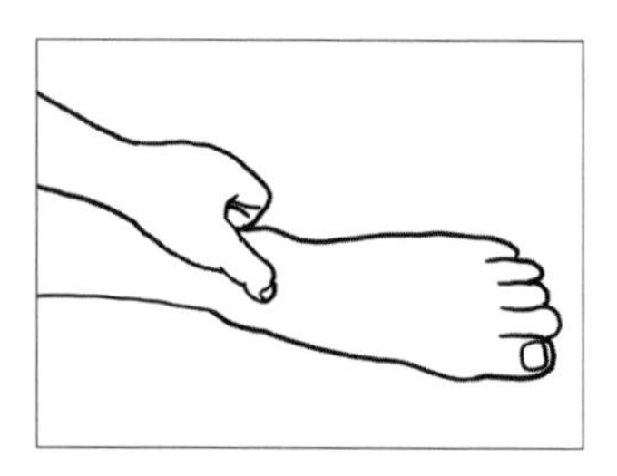

3_1 호흡을 깊이 들이마시고 내쉬는 숨에 깊게 눌러준다. 이때 엄지손가락을 기역 자로 굽혀서 눌러주면 좋다. 한 손으로 하기 힘이 든다면, 양손을 이용하면 효율적이다.

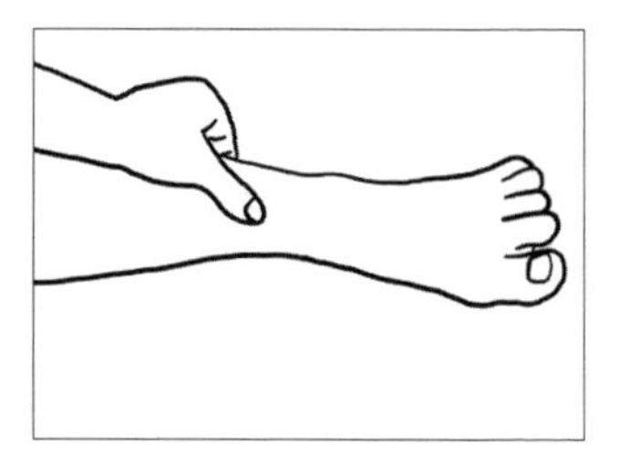

4_1 같은 동작을 5회 반복한 후 매끄럽게 길이 생겼는지 체크한다. 그렇지 않다면 5회 재진행 후 체크하는 순서를 반복한다.

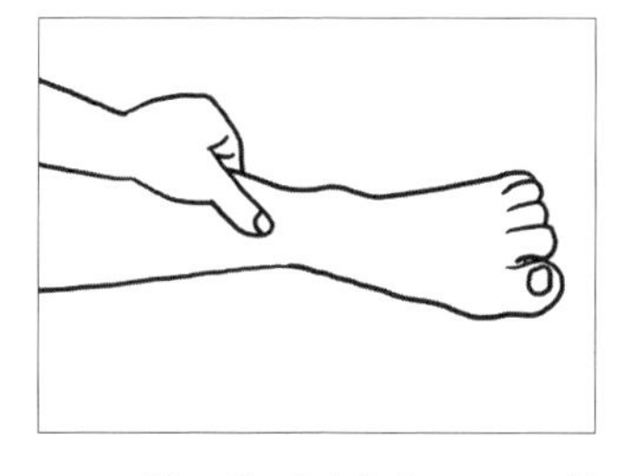

5_1 4번 그림 자리에서 2~3cm 위로 떨어진 자리를 찾는다.

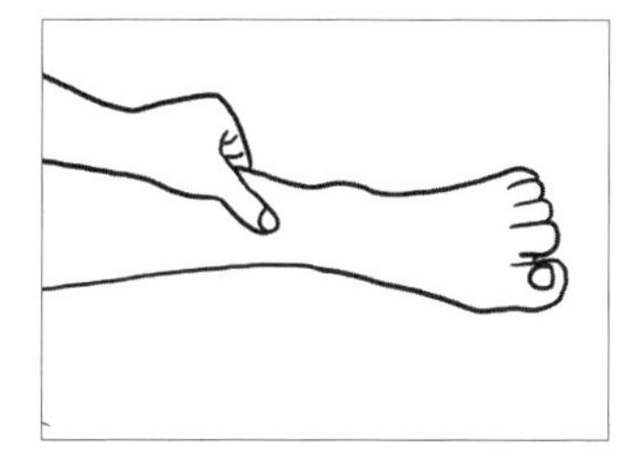

6_1 찾은 자리를 손가락으로 잡은 후, 발목 쪽으로 깊게 풀어준다. 이때, 손가락을 떼지 않은 상태에서 우둑거리는 느낌을 느껴가며, 발목 방향으로 풀어주면 된다.

6_2 같은 동작을 5회 반복한 후 매끄럽게 길이 생겼는지 체크한다. 그렇지 않다면 5회 재진행 후 체크하는 순서를 반복한다.

휜 다리 교정을 위한 발목 부종 빼기! 셀프 홈 케어 방법!

휜 다리 교정이 끝나고 나면, 예쁜 다리로 바뀔 상상을 하자!

더욱 빠르게 좋은 결과를 볼 수 있을 것이다!

Day 3 | 발목 교정 바깥 쪽 발목 부종 빼기

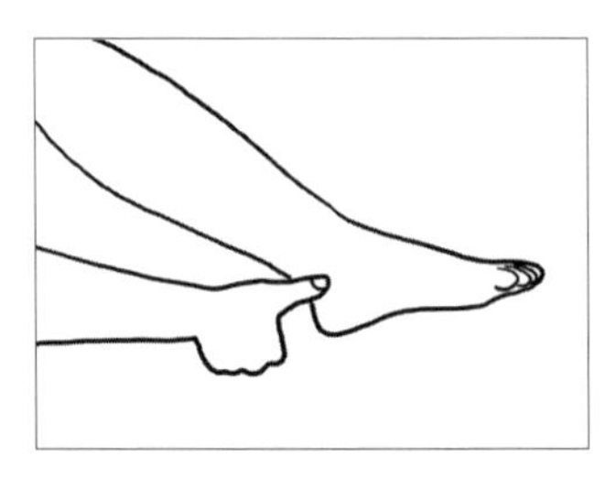

1_1 종아리를 바깥으로 접어두고, 바깥쪽 복사뼈 주변을 만져본다.

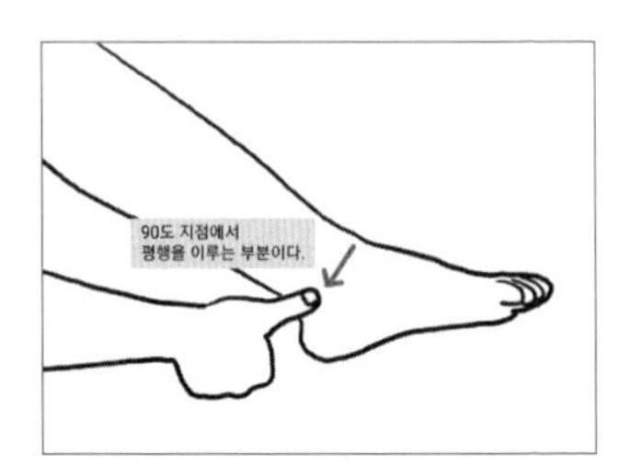

2_1 바깥쪽 복사뼈의 가장 높은 위치를 촉진한다. 가장 높은 위치는 발등과 발목의 90도 각도 꼭짓점에서 복사뼈 쪽으로 평행을 이루는 곳이다.

2_2 45도 각도 안쪽으로 깊게 잡고, 5회 반복해서 열어준다. 복사뼈를 위로 들어 올린다고 생각하면 된다.

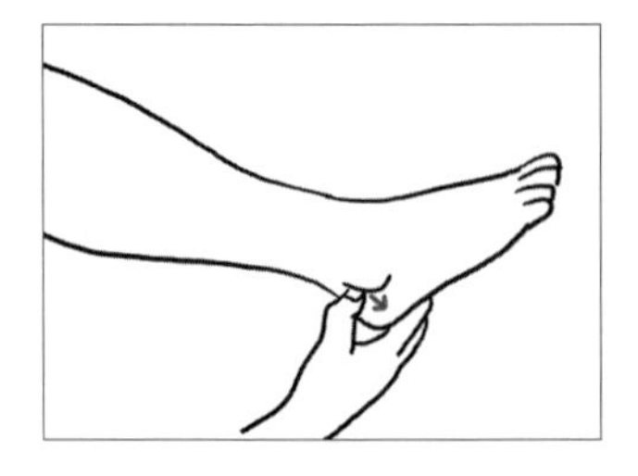

3_1 아래쪽 복사뼈와 발뒤꿈치의 연결되는 선을 풀어준다.

3_2 복사뼈에서 발뒤꿈치로 깊게 내려가면서 울퉁불퉁한 노폐물을 풀어준다. 손을 떼지 않으면서 작은 지그재그 동작이 나온다.

여리 여리 예쁜 발목

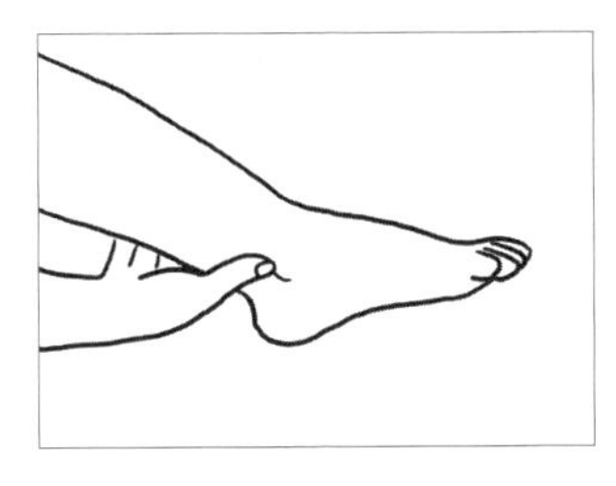

4_1 1번 그림, 2번 그림, 3번 그림의 동작을 연결하여 다시 한번 열어준다.

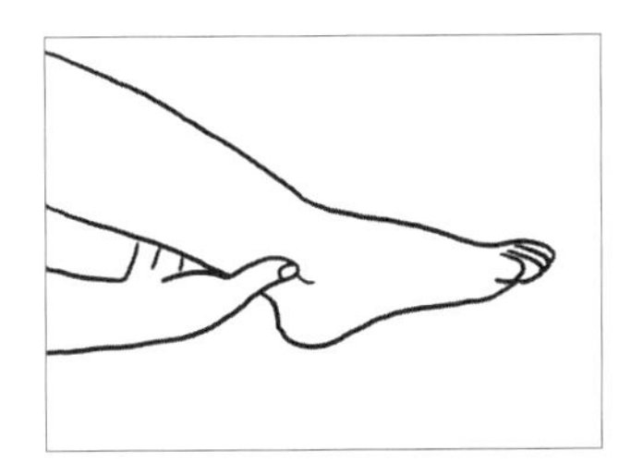

5_1 4번 관리가 끝나면, 이번엔 더 깊게 잡고, 다시 한번 길을 내준다.

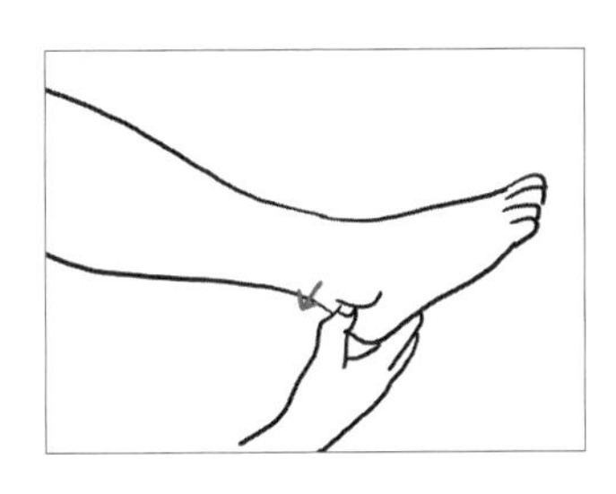

6_1 복사뼈 바로 뒤의 아킬레스건 부분을 엄지와 검지를 이용해서 깊게 잡아준다.

6_2 꼬집듯이 당겨준다.

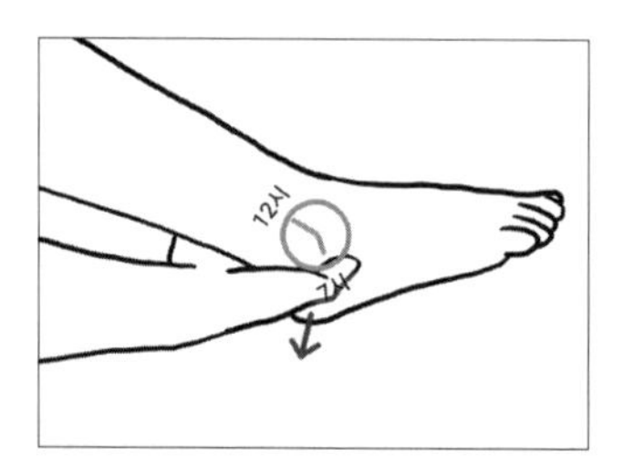

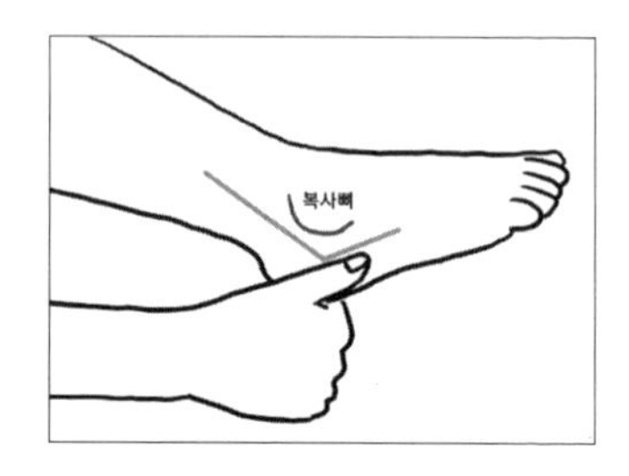

7_1 이번 순서에선 복사뼈를 원형 시계라고 생각하자.

7_2 7시 방향을 깊게 짚는다.

7_3 짚은 상태에서 발뒤꿈치 쪽 대각선 방향으로 그대로 끌어준다. '우둑 우둑' 걸리는 느낌이 느껴진다면 잘 잡은 것이다.

7_4 같은 동작을 5회 반복한 후, 우두둑 거리는 느낌이 줄어들었는지 체크한다. 그렇지 않다면 5회 재진행 후 체크하는 순서를 반복한다.

8_1 새끼발가락과 바깥 복사뼈 중 꼭짓점이 제일 높은 곳을 찾는다.

8_2 선을 그어주어서 만나는 지점 움푹 들어간 부분을 찾는다. 그림처럼 90도 각도로 만난다.

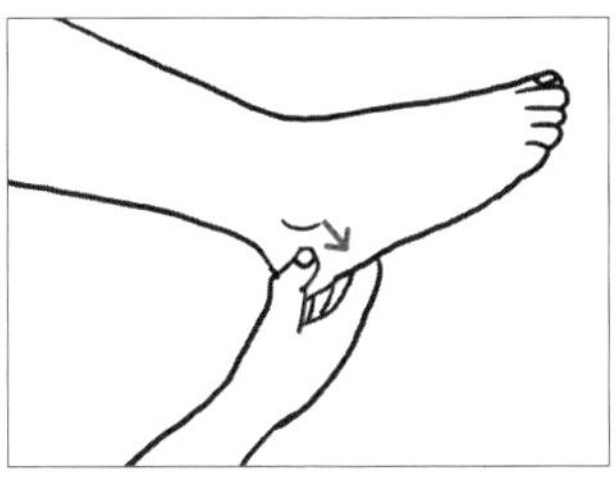

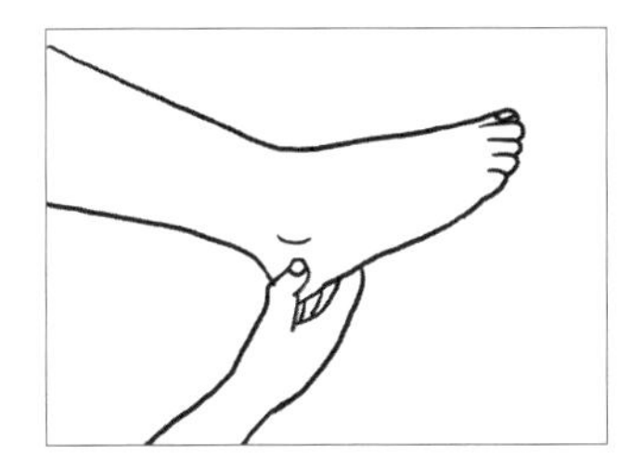

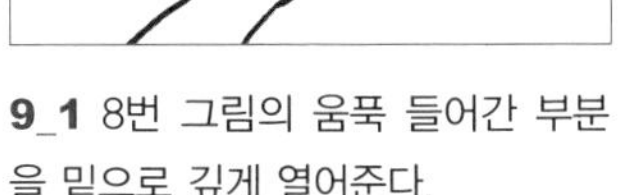

9_1 8번 그림의 움푹 들어간 부분을 밑으로 깊게 열어준다.

9_2 같은 동작을 5회 반복해준다.

10 1번~9번까지의 순서를 다시 한 번 깊게 관리해준다.

Day 4 발목 뒤쪽 부종 빼기

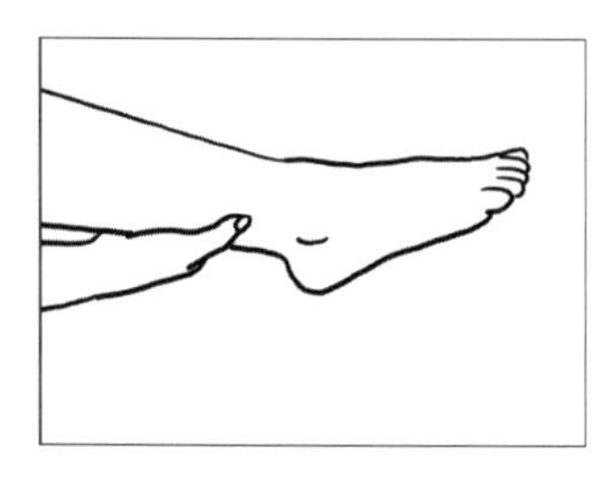

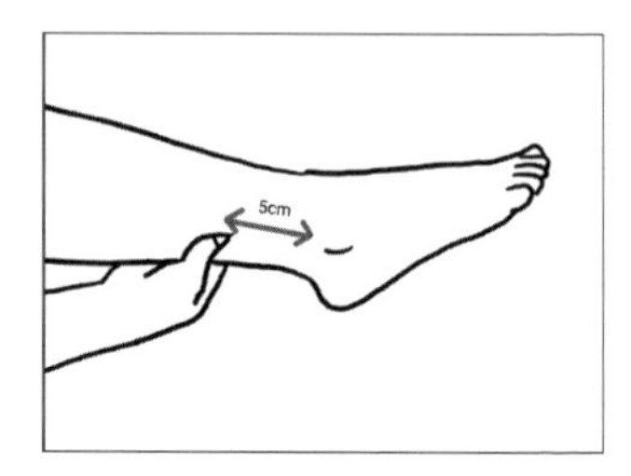

1_1 바깥 복사뼈를 깊게 만지면서 위로 올라간다.

1_2 동그란 모양의 복사뼈 부위가 끝나면, 바로 종아리뼈가 이어져 있다.

1_3 종아리뼈의 시작점을 45도 각도로 깊이 잡은 상태로 안쪽으로 깊게 밀어준다.

2_1 복사뼈 가장 높은 꼭짓점 부분에서 위로 5cm 떨어진 부분을 찾는다.

2_2 안쪽으로 45도 각도로 깊게 잡은 상태로 앞쪽으로 열어준다.

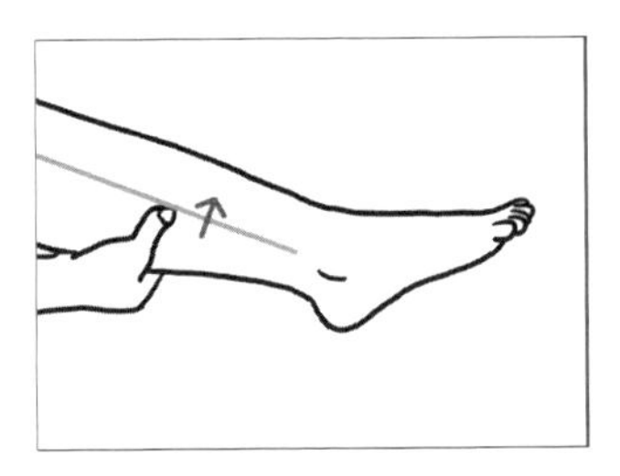

3_1 복사뼈의 동그란 위치가 끝나는 지점부터 바로 종아리뼈가 시작된다.

3_2 무릎 쪽으로 올라가며, 종아리뼈를 모두 열어준다.

3_3 이때 45도 각도로 안쪽으로 잡은 상태에서 앞으로 열어주면 된다.

3_4 살이 아닌 종아리뼈를 찾는 것이 가장 중요하다. 흡사 종아리뼈를 위로 들어준다고 생각하면 된다.

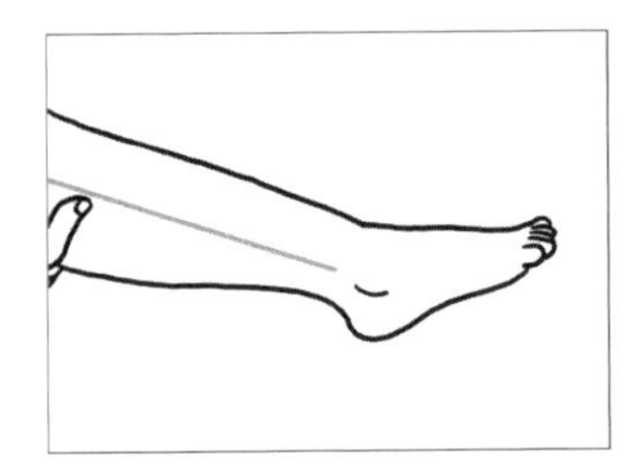

4_1 반복해서 종아리뼈의 형태가 나타나도록 풀어주면 된다.

여리 여리
예쁜 발목

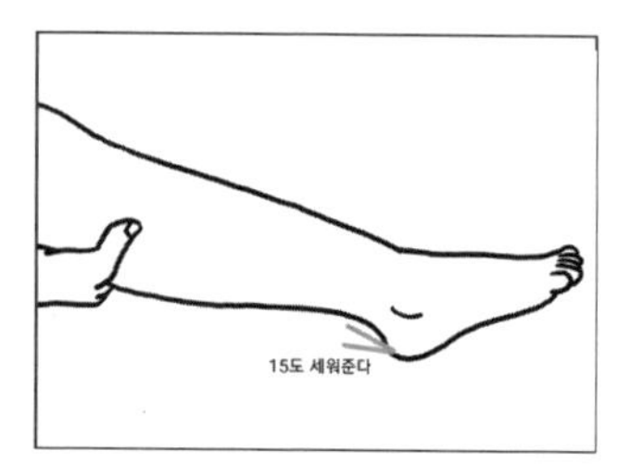

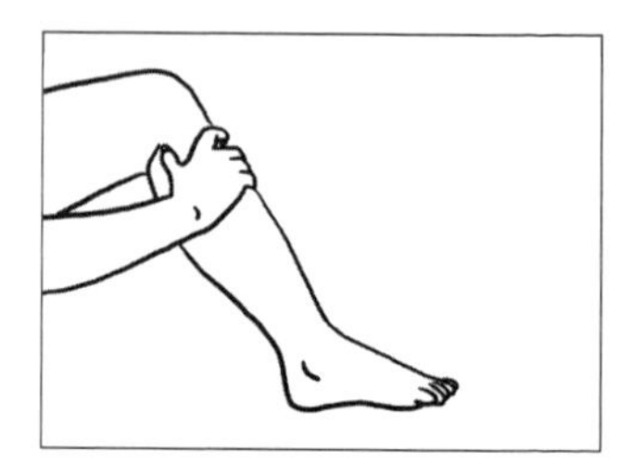

5_1 종아리를 15도 각도로 세워준다.

5_2 4번 관리 내용의 종아리뼈 마지막 지점을 찾는다.

5_3 바깥 무릎뼈의 시작 부분 바로 아래 지점이다.

5_4 안쪽으로 45도 각도로 깊게 잡고, 미끄덩거리는 부분을 풀어준다.

5_5 5회 진행 후 미끄덩거리는 느낌이 줄어들었는지 체크한다. 그렇지 않다면 5회 재진행 후 체크하는 순서를 반복한다.

6_1 안쪽으로 45도 각도로 깊게 잡고, 미끄덩거리는 부분을 풀어준다.

6_2 이때 깊이 호흡을 들이마시고, 내쉬는 숨에 깊게 밀어주면 된다.

6_3 5회 진행 후 미끄덩거리는 느낌이 줄어들었는지 체크한다. 그렇지 않다면 5회 재진행 후 체크하는 순서를 반복한다.

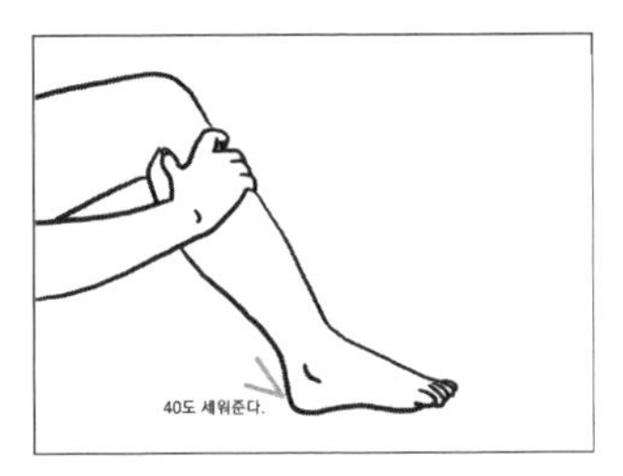

7_1 이번엔 종아리를 더 세워준다.

7_2 바깥 오금선에서 종아리뼈 끝 지점이 만나는 꼭짓점을 풀어준다.

7_3 5회 진행 후 미끄덩거리는 느낌이 없어졌는지 체크한다. 그렇지 않다면, 5회 재진행 후 체크하는 순서를 반복한다.

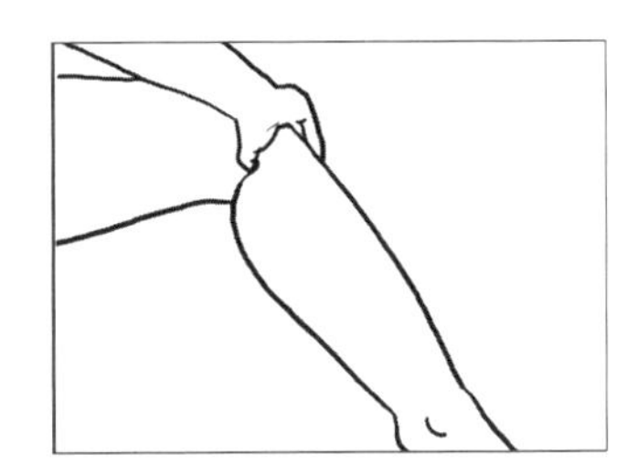

8_1 무릎 뒤쪽인 오금의 중앙선부터 깊이 잡고, 바깥쪽으로 열어준다.

8_2 이때 우두둑한 느낌이 느껴진다면 잘 찾은 것이다.

8_3 5회 진행 후 우두둑한 느낌이 매끄러워졌는지 체크한다. 그렇지 않다면 5회 재진행 후 체크하는 순서를 반복한다.

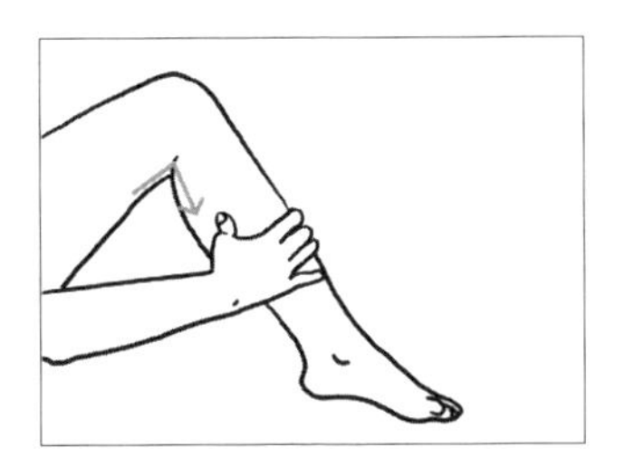

9_1 이번엔 반대로 오금선에서 종아리뼈, 복사뼈 방향으로 내려오면서 풀어주면 된다.

지금까지 휜 다리 교정에 꼭 필요한 발목 교정을 진행했다!

현재 내 발목은 어떤 상태인가? 예쁜 발목이 되었다면,

이어질 종아리 교정도 기대해 보자. 아니라면,

다시 처음으로 돌아가서 발목을 풀어주도록 한다.

Secret 2

뒤태 미인 종아리 완성

Day 5 | 종아리가 바깥쪽으로 휘어진 경우

이번에는 휜 종아리 교정 시간이다. 더 이상 길고 펑퍼짐한 옷으로 다리를 가리고 다니지 말자! 스키니 라인, 짧은 반바지, 치마 입기에 도전! 허벅지 부종도 문제지만, 종아리 부종, 휘어진 종아리, 휜 종아리도 심각하다. 엄청난 유전자 덕분에 타고난 체형으로 태어난 분이 아니라면, 게을러선 절대 안 된다! 종아리가 바깥으로 휘어진 문제점을 교정하는 시간이다. 집중! 집중!!

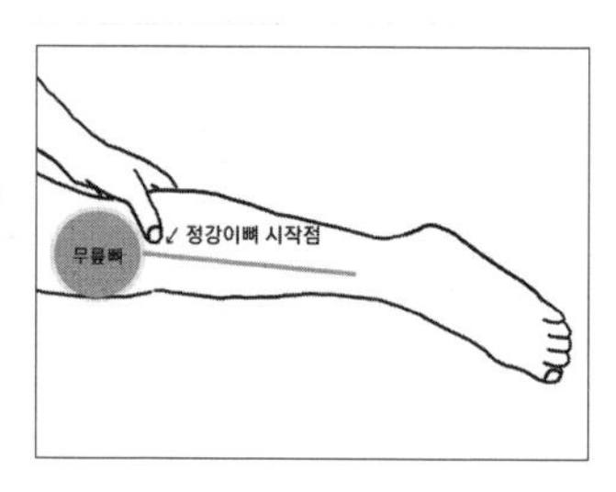

1_1 무릎뼈에서 아래로 연결된 정강이뼈를 찾는다.

1_2 무릎뼈 끝자리와 정강이뼈 시작점의 꼭짓점을 깊이 열어준다.

1_3 안쪽으로 45도 각도로 잡아주고, 호흡을 깊게 들이마시고, 내쉬는 숨에 깊이 열어준다.

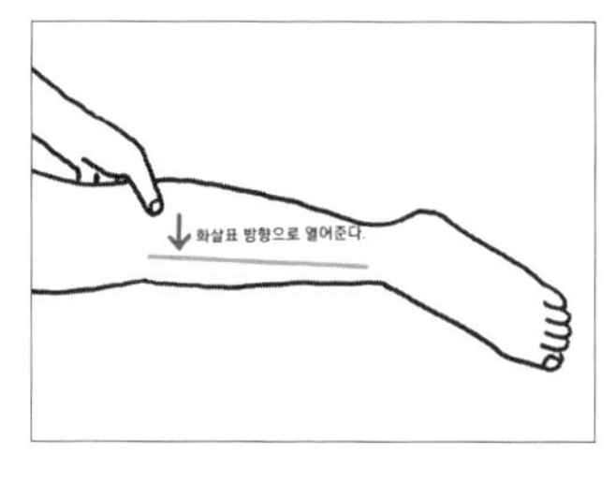

2_1 1번의 정강이뼈 시작점에서 2cm 밑으로 내려온다.

2_2 안쪽으로 45도 각도로 잡아주고, 종아리 안쪽 방향으로 열어준다.

2_3 왼쪽 종아리 관리를 하고 있다면, 오른손으로 해주고, 오른쪽 종아리는 왼손으로 해준다.

2_4 같은 방법으로 5회 진행 후 다시 2cm 밑으로 내려간다.

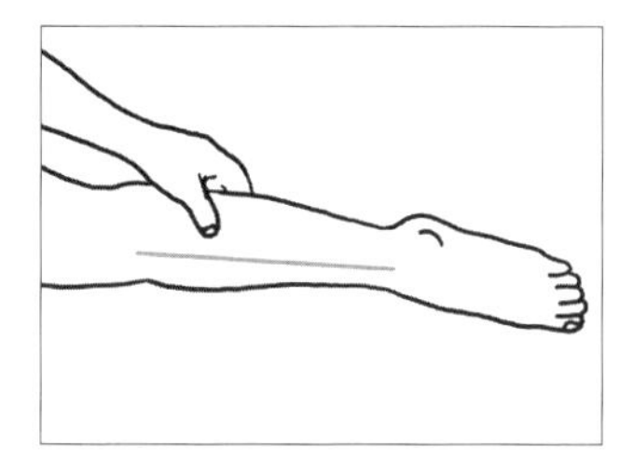

3_1 2cm씩 밑으로 내려가며, 2번 그림과 동일한 방법으로 열어준다.

3_2 발목 쪽과 가까워질수록 정강이뼈를 더 잘 찾을 수 있다. 만약 정강이뼈를 찾기 힘이 든다면, 발목에서 올라가며 찾아도 된다.

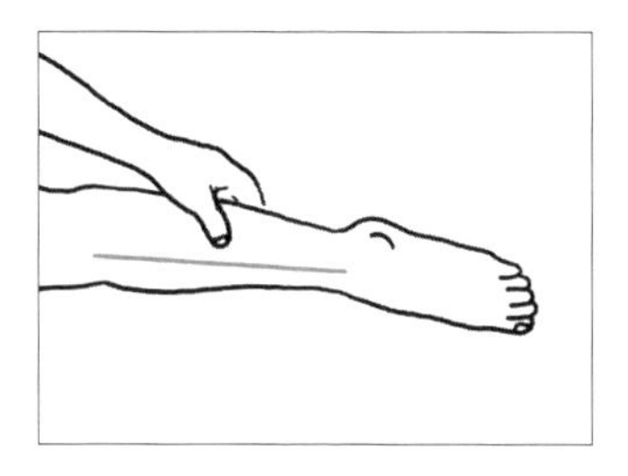

4_1 역시, 2cm 내려간 자리이다. 동일한 방법으로 열어준다.

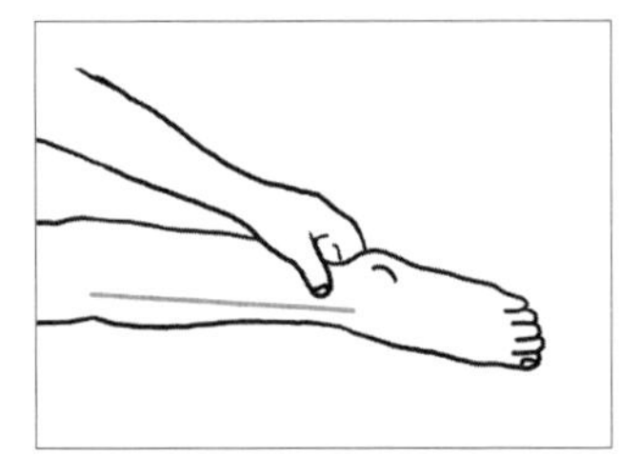

5_1 다시 약 2cm 내려가며 동일하게 관리한다.

5_2 발목과 가까워지고 있다.

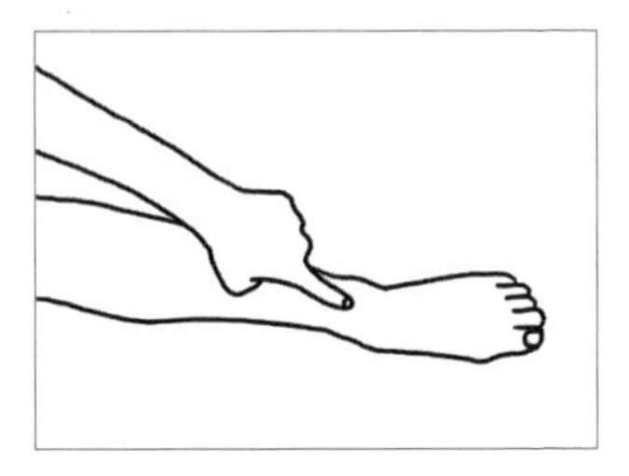

6_1 발목 정중앙에서 위로 2cm 정도 올라온 자리를 찾는다.

6_2 안쪽 복사뼈의 윗부분에서 평행을 이루는 곳이다.

6_3 엄지손가락을 이용해 아래로 깊게 누른 상태에서 열어준다. 이때, 반대편 엄지손가락을 포개서 눌러준다면 더 깊게 열어줄 수 있다.

6-4 같은 동작을 5회 반복해준다.

여리 여리
예쁜 발목

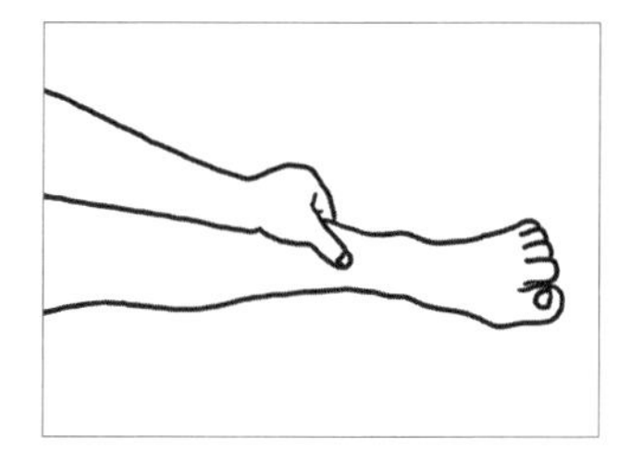

7_1 발목 정중앙에 움푹 들어간 곳을 찾는다.

7_2 찾은 곳을 누른 상태에서 발끝을 몸 쪽으로 당겨준다. 더 깊이 만져질 것이다.

7_3 6번 그림의 내용처럼 아래로 깊게 열어준다.

7_4 같은 동작을 5회 반복해준다.

Day 6 종아리 바깥쪽에 부종이 많은 경우

휜 다리 체형이라면, 종아리 부종도 생긴다. 내 다리에 부종이 쌓이면서 점점 더 두꺼워져 가는 내 종아리. 해결 방법이 있는데 그냥 지나칠 것인가? 10분만 투자해서 날씬한 종아리를 만들어보자. 포인트 자리를 잘 찾아서 관리한다면, 다리 부종은 바로 '확~!' 빠져버린다. 비수술 요법으로도 충분히 휜 다리 교정을 할 수 있다. 모르면 나만 손해인 좋은 정보이다!

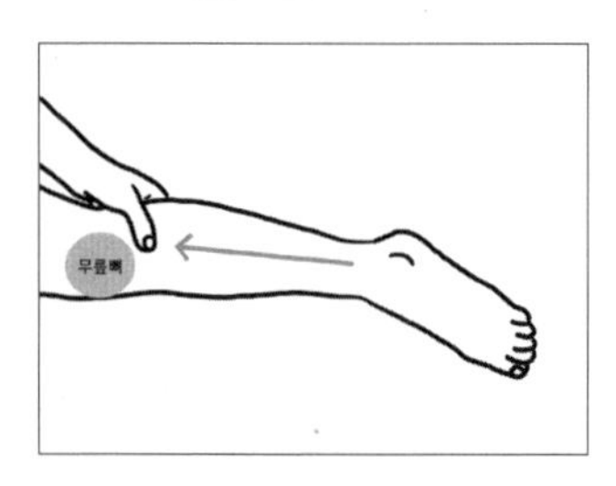

1_1 다리를 쭉 펴놓은 상태에서 4번째 발가락을 따라 무릎 쪽으로 올라간다.

1_2 올라오면서 무릎뼈 아래쪽으로 튀어나온 뼈의 위치를 찾는다.

1_3 찾은 자리를 깊게 누르고 풀어준다. 이때, 발가락 끝까지 찌릿한 느낌이 느껴질 수도 있다.

1_4 같은 자리를 5회 반복해서 풀어준다.

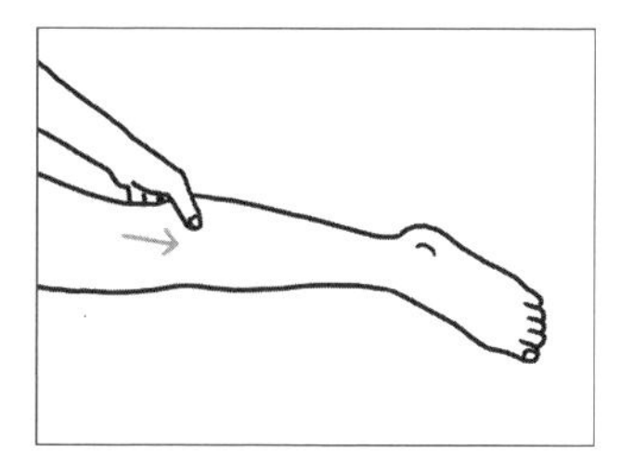

2_1 1번 그림의 자리에서 아래쪽으로 1cm 정도 내려와 움푹 파인 자리를 찾는다.

2_2 종아리뼈가 시작하는 자리 바로 옆이다.

2_3 찾은 자리를 깊게 누르고, 5회 반복해서 풀어준다. 이때도 발끝까지 찌릿한 느낌이 느껴질 수 있다.

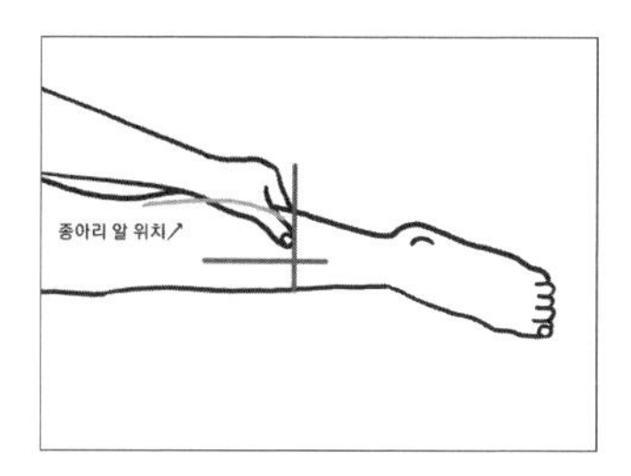

3_1 이번엔 다리를 비스듬히 옆으로 눕힌 후, 내 종아리 알(비복근)을 만져본다.

3_2 종아리 알(비복근)의 가장 낮은 자리와 발목(중앙보다 바깥쪽)에서 올라온 곳의 꼭짓점을 찍는다.

3_3 꼭짓점 자리를 깊이 열어준다. 위치는 거의 발목과 무릎의 중간 부분이다.

3_4 같은 동작을 5회 반복해 준다.

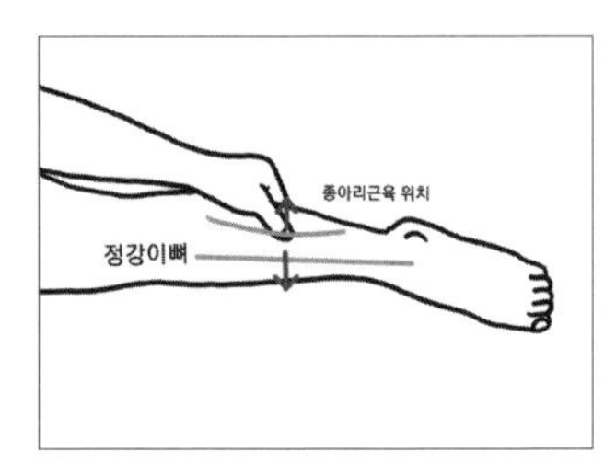

4_1 3번 그림에서 찾은 자리를 이제는 바깥쪽으로 열어준다.

4_2 흡사 종아리뼈와 종아리근육을 서로 분리한다는 생각으로 열어주면 된다.

4_3 같은 동작을 5회 반복해서 진행해준다.

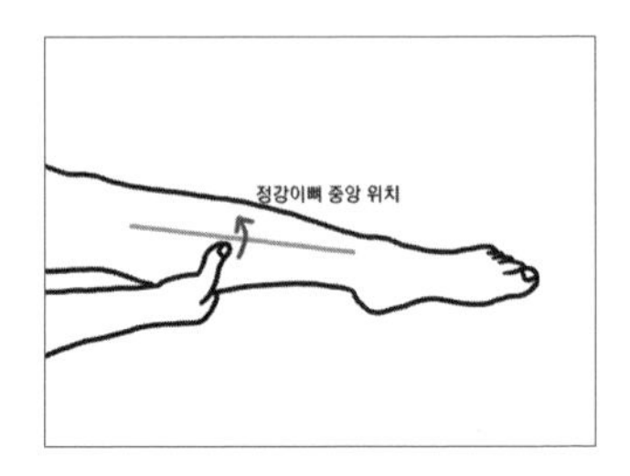

5_1 다리를 다시 바로 놓는다.

5_2 3번 그림에서 찾은 자리를 기억한다.

5_3 이번엔 종아리뼈의 안쪽에서 3번 자리 쪽으로 열어준다.

5_4 같은 동작을 5회 반복해준다. 우두둑하는 느낌이 느껴진다면 잘 관리한 것이다.

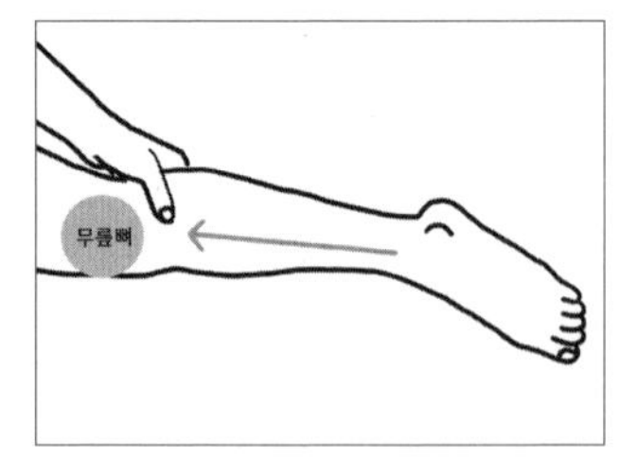

6_1 다리를 다시 비스듬히 옆으로 눕힌다.

6_2 1번 그림의 포인트 자리를 찾는다.

6_3 1번 내용과 동일하게 같은 자리를 5회 반복해서 열어준다.

Day 7 종아리 부종 관리

(종아리 바깥 라인에 기구를 이용한 방법)

– 아침, 저녁 종아리 차이가 너무 심해요!

– 저녁만 되면 종아리 퉁퉁!

먼저, 관리에 필요한 기구를 준비해 보자. 주변에 눌러줄 수 있는, 가로 면적이 긴 기구라면 아무거나 좋다. 예를 들어, 주걱이나 손거울처럼 가로 면적이 있는 물건을 준비하자. 어떤 모양인지 모르겠다면, 아래 관리 그림을 참고하면 된다. 특별한 전문 기구가 있다면 더욱더 좋겠지만, 없어도 충분히 부종 관리를 할 수 있는 방법이다.

이번 시간은 휜 다리 교정에 꼭 필요한 종아리 부종 관리이다. 아침과 저녁 종아리 크기가 다를 정도로 부종이 생기는 사람들도 상당히 많다. 평소 부종 때문에 고민이 많은 사람들은 더 집중하자! 기구 관리 전, 내 다리의 모습을 확인해 보자. 내 무릎 라인은 어떤 모양인지, 내 종아리 라인은 어떤 상태인지, 내 발목 라인은 있는지, 내 발끝까지 어떤 모습인지, 모두 꼼꼼히 확인해 보자. 사진을 찍어두어도 좋다.

뒤태 미인
종아리 완성

• 현재 나의 다리 상태 파악하기 •

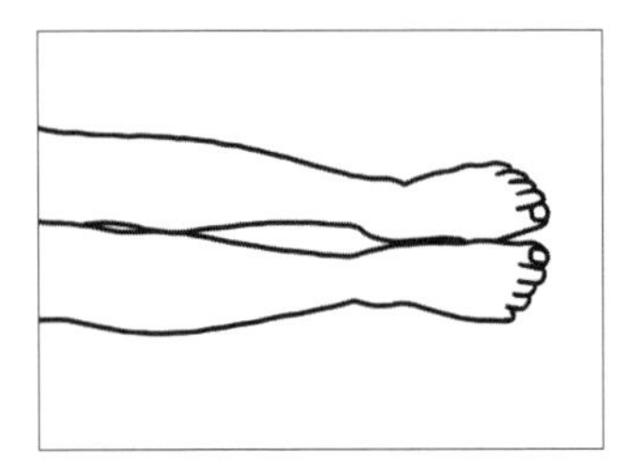

1_1 발끝을 쭉 편 상태에서 엄지발가락 끼리 서로 붙여본다.

1_2 무릎 안쪽을 붙여본다.

1_3 종아리 안쪽을 붙여본다

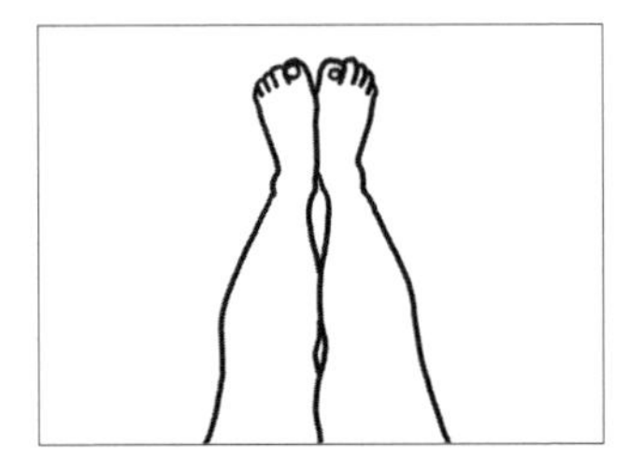

2_1 발가락 끝을 무릎 쪽으로 당긴 상태에서 엄지발가락 끼리 서로 붙여본다.

2_2 무릎 안쪽으로 붙여본다.

2_3 종아리 안쪽으로 붙여본다. 다리 판독이 끝났다면, 기구 관리를 들어가도록 한다.

• 판독 후 관리 시작하기 •

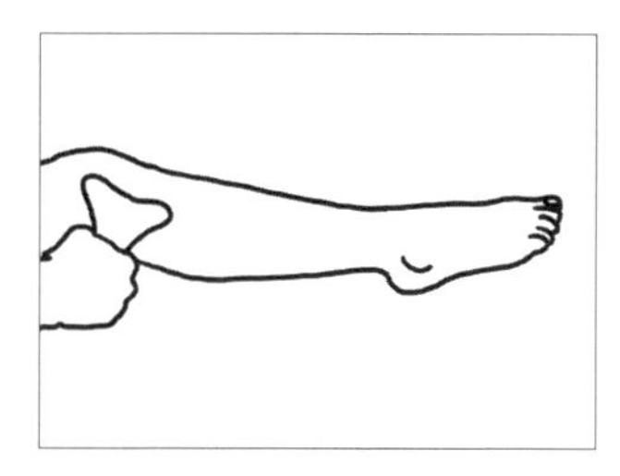

1_1 바깥 무릎과 연결된 바깥 종아리의 시작점을 찾는다.

1_2 찾은 자리를 15도 각도로 깊이 열어준다. 이때, 15도 각도는 기구와 내 다리의 각도이다.

1_3 같은 동작을 5회 반복해 준다.

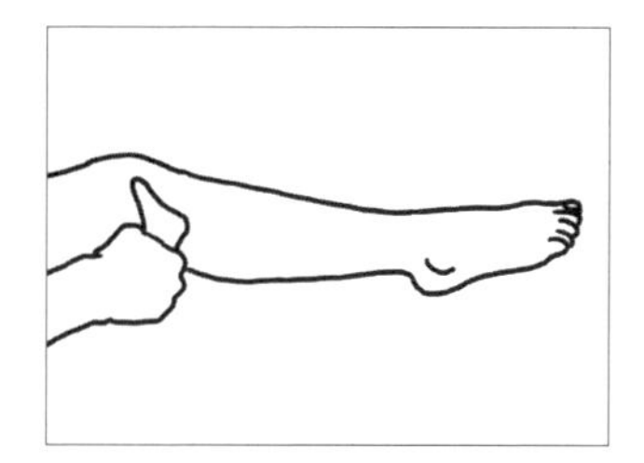

2_1 1번 그림과 동일한 자리를 이번엔 45도 각도로 세워서 더 깊게 열어준다. 이때, 45도 각도는 기구와 내 다리의 각도이다.

2_2 같은 동작을 5회 반복해 준다.

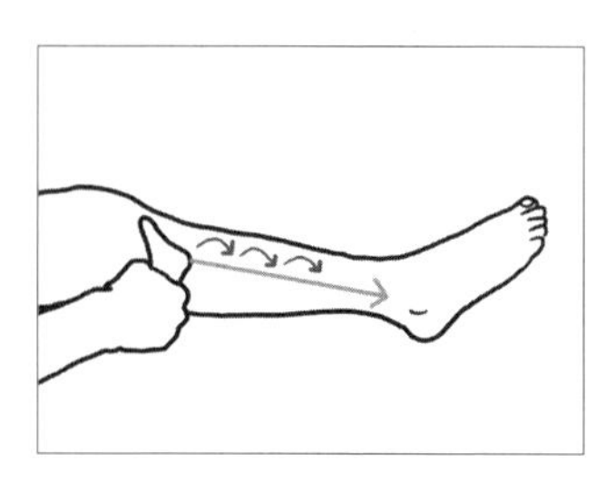

3_1 2번 관리까지 끝나고 나면, 기구를 종아리에 밀착시킨 상태에서 아래쪽으로 밀어준다.

3_2 이때 관리 간격을 3cm 만큼만 밀어주고, 다시 3cm 만큼만 밀어주기를 연속한다. 3cm 간격이 겹쳐도 상관없다.

3_3 종아리의 셀룰라이트 등 우두둑한 느낌이 느껴질 수 있다.

3_4 같은 동작을 5회 반복해준다.

뒤태 미인
종아리 완성

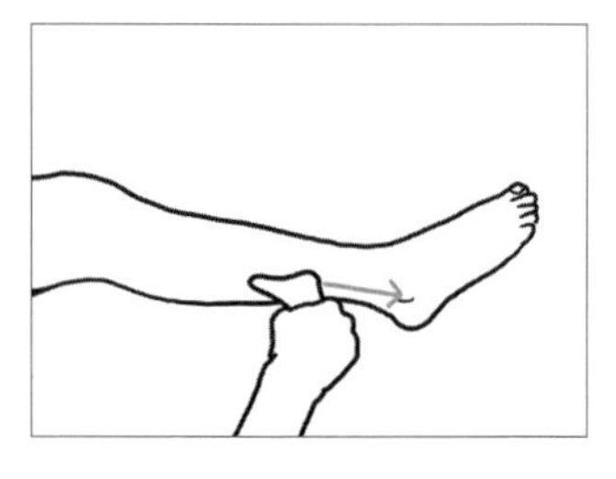

4_1 셀룰라이트 등 종아리 바깥 라인을 풀어준 후, 다시 한번 반복해서 확인한다.

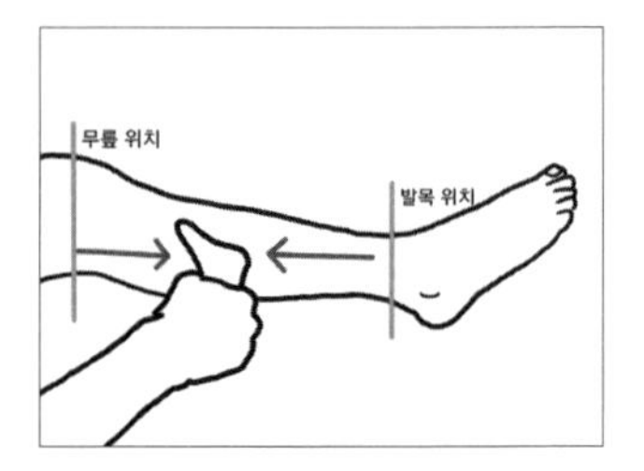

5_1 바깥 무릎과 바깥 발목의 중간 지점을 찾는다.

5_2 찾은 자리를 기구를 이용해 깊게 열어준다.

5_3 같은 동작을 5회 반복해 준다.

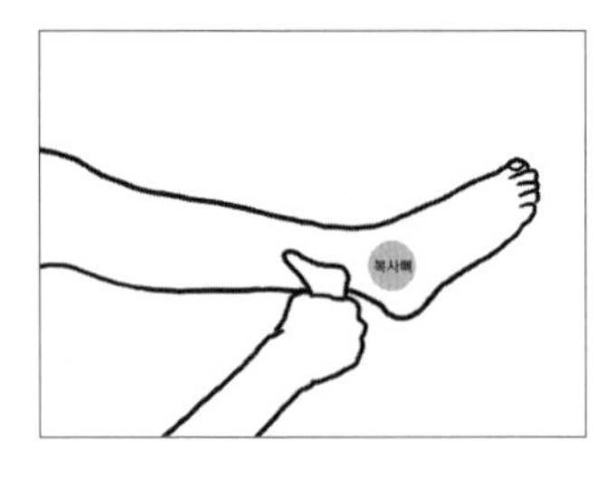

6_1 바깥쪽 복사뼈의 2cm 윗부분을 찾는다.

6_2 찾은 자리를 깊게 풀어준다.

Day 8

종아리 부종 관리

종아리 안쪽 라인에 종아리 알에 기구를 이용한 방법 1편-
– 종아리 알 실종 시크릿!

이번에는 종아리 안쪽에 부종 관리이다. 이 부분은 종아리 알과도 연관성이 있는 곳이다. 여자들도 남자들도 고민하는 다리 라인이다. 그리고 종아리 알에 대한 부분도 뺄 수 없다. 부종 관리도 하고, 종아리 살도 빼고, 종아리 알도 얇아지자!

먼저 가로 면적이 긴 기구를 준비하자! 지난 시간에 사용했던 동일한 기구를 준비해도 좋다. 시작 전의 기본자세는 다리를 안쪽으로 'L'자 모양을 만들어 접어둔다.

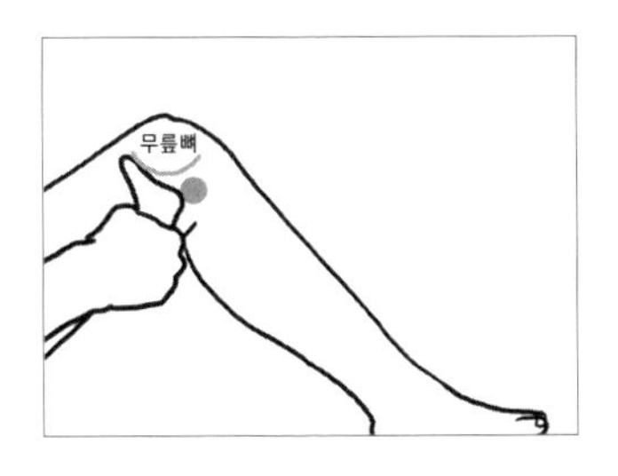

1_1 무릎 안쪽에서 가장 바깥쪽 뼈를 찾는다.

1_2 찾은 자리를 깊게 열어준다.

1_3 같은 동작을 5회 반복해준다. 호흡과 함께 해주면 좋다.

뒤태 미인
종아리 완성

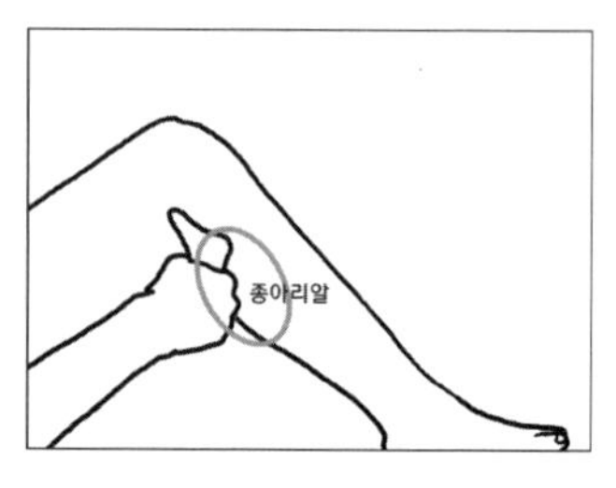

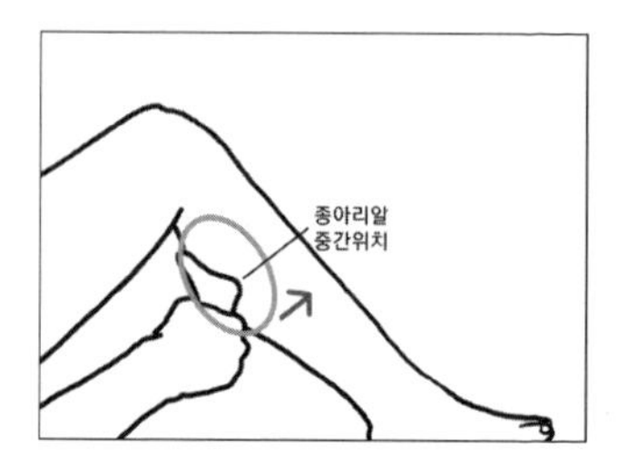

2_1 안쪽 종아리의 시작점을 찾는다.

2_2 종아리근육의 시작점을 찾으면 된다.

2_3 찾은 자리를 긴 면적으로 깊게 열어준다.

2_4 같은 동작을 5회 반복해준다. 호흡과 함께 해주면 좋다.

3_1 종아리 알의 1/2 지점을 찾는다.

3_2 찾은 자리를 깊게 열어준다.

3_3 종아리 알과 종아리뼈를 분리시킨다고 생각하면 된다.

3_4 같은 동작을 5회 반복해준다. 호흡과 함께 해주면 좋다.

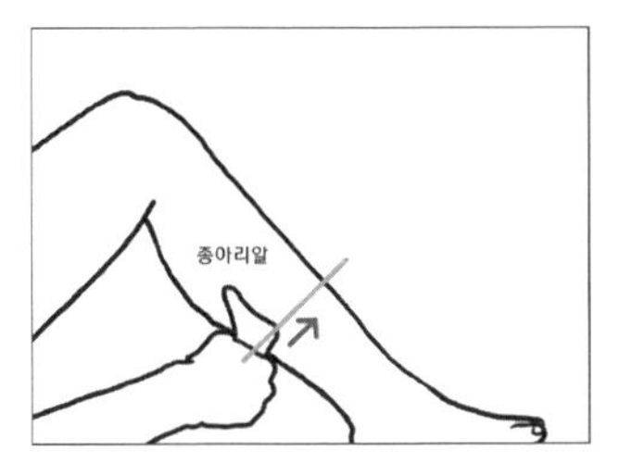

4_1 종아리 알 라인을 따라서, 종아리뼈와의 연결선을 풀어준다.

4_2 종아리 알과 종아리뼈를 분리시킨다는 생각으로 풀어주면 된다.

4_3 같은 동작을 5회 반복해준다. 호흡과 함께 해주면 좋다.

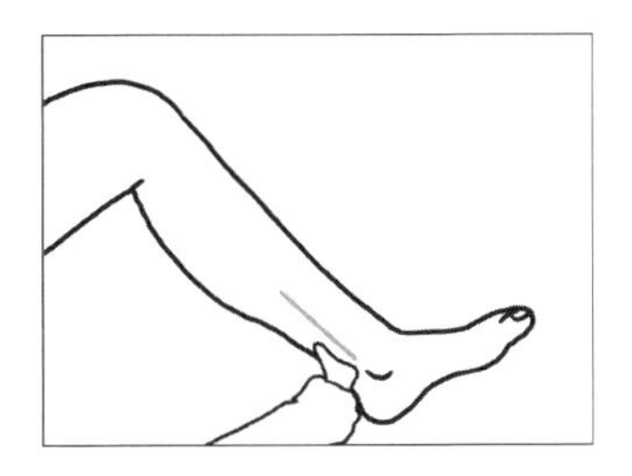

5_1 종아리 알의 마지막 점을 깊게 열어준다.

5_2 종아리 알과 종아리뼈를 분리시킨다는 생각으로 열어주면 된다.

5_3 같은 동작을 5회 반복해준다. 호흡과 함께 해주면 좋다.

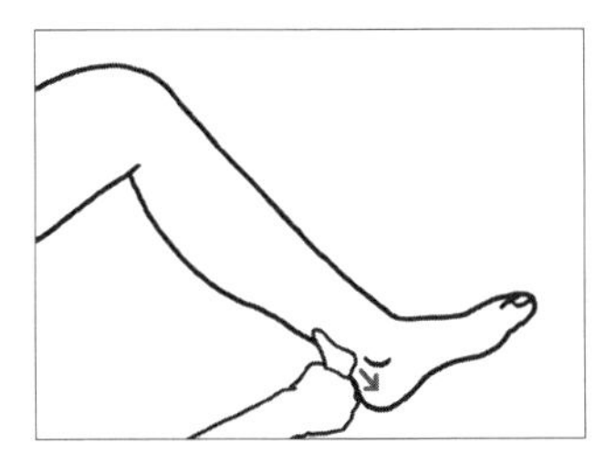

6_1 5번 관리가 마무리되고 나면, 아래로 이동하며 연결선을 모두 깊게 풀어준다.

6_2 같은 동작을 5회 반복해 준다. 호흡과 함께 해주면 좋다.

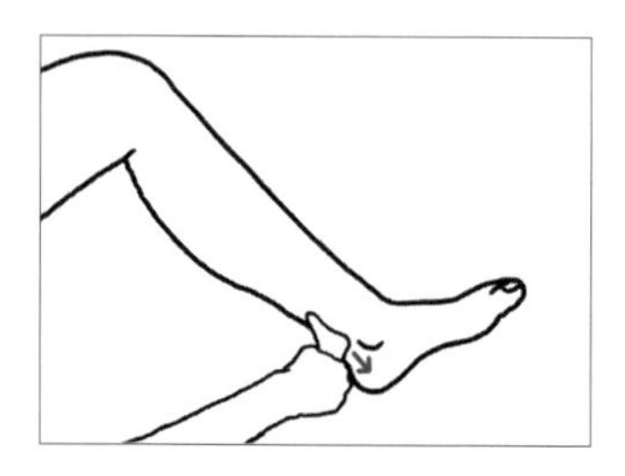

7_1 발뒤꿈치 안쪽과 6번 관리 자리가 만나는 점까지 연결해 준다.

7_2 연결된 부분을 깊게 열어준다.

7_3 발뒤꿈치와 분리시킨다는 생각으로 열어주면 된다.

7_4 같은 동작을 5회 반복한다. 호흡과 함께 해주면 좋다.

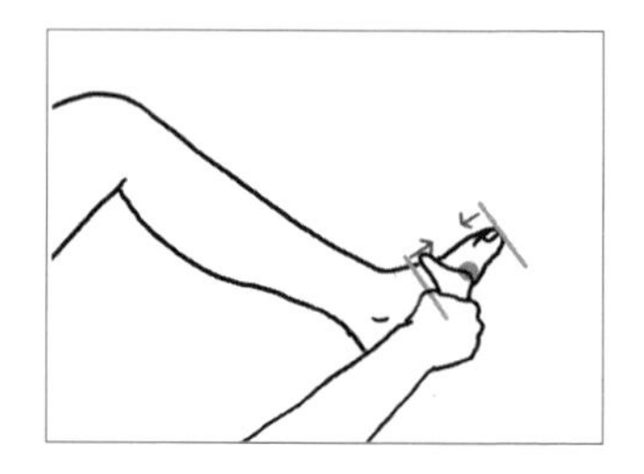

8_1 다리를 계속 'L' 자로 둔 상태에서 발바닥 옆 부분의 아치 선을 찾는다.

8_2 '아치의 중간 지점과 안쪽 복사뼈의 아래 지점이 만나는 꼭지점을 찾는다.'

8_3 찾은 포인트 점을 깊게 열어준다. 미끄덩거리는 느낌이 느껴진다면 잘 찾은 것이다.

8_4 같은 동작을 5회 반복해 준다. 호흡과 함께 해주면 좋다.

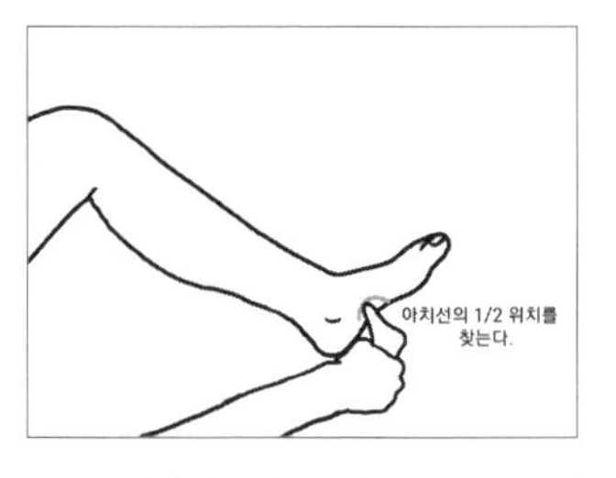

9_1 이번엔 8번 그림의 포인트 점과 엄지발가락과의 1/2 지점을 찾는다.

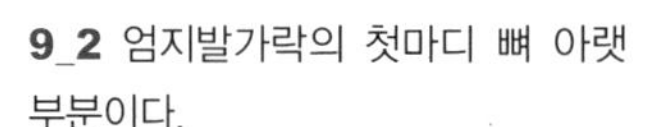

9_2 엄지발가락의 첫마디 뼈 아랫부분이다.

9_3 찾은 포인트 점을 깊게 열어준다. 엄지발가락 첫마디 뼈와 분리시킨다는 생각으로 열어준다.

9_4 같은 동작을 5회 반복해준다. 호흡과 함께 해주면 좋다.

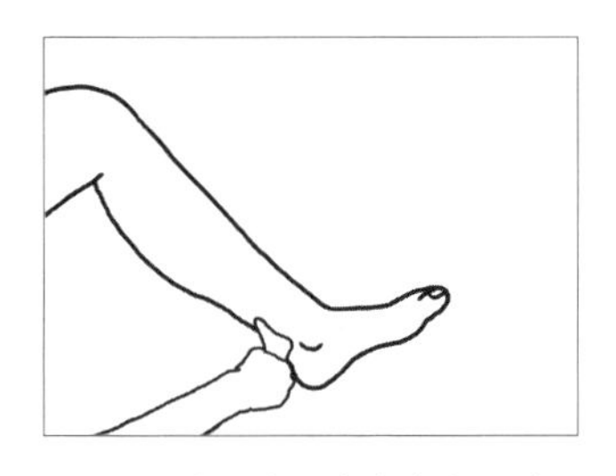

10_1 1번부터 9번까지의 포인트 점을 다시 찾아본다.

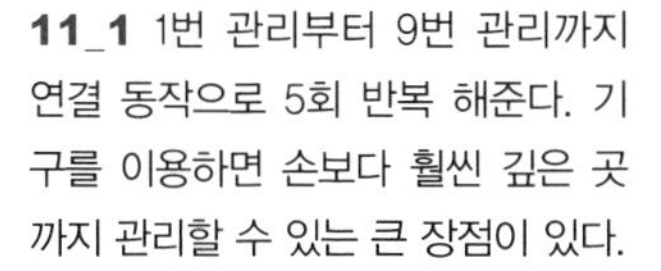

11_1 1번 관리부터 9번 관리까지 연결 동작으로 5회 반복 해준다. 기구를 이용하면 손보다 훨씬 깊은 곳까지 관리할 수 있는 큰 장점이 있다.

Day 9 종아리 부종 관리

(종아리 안쪽 라인 종아리 선을 기구를 이용한 방법 2편)

- 스키니 진이 잘 어울리는 종아리 라인 시크릿!

지난번엔 안쪽으로 다리를 접어두고, 종아리 라인을 만들어 보았다. 이번에는 정면에서 보았을 때의 종아리 라인을 예쁘게 만들어보자. '11자' 다리 라인이 된다면, 타이트한 스키니 핏에 구애받지 않을 것이다. 먼저 가로 면적이 3~4cm 정도 되는 기구를 준비하자. 지난 시간에 사용했던 동일한 기구를 준비해도 좋다. 관리는 다리를 곧게 펴고 시작한다.

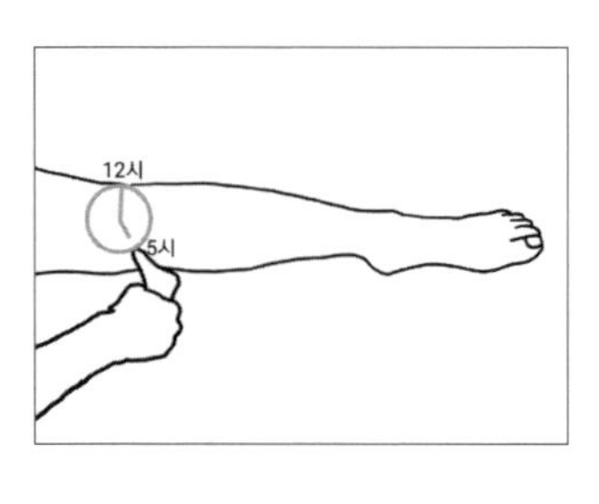

1_1 아래쪽 무릎뼈를 찾는다.

1_2 그림처럼 내 무릎에 시계를 그려두고, 5시 방향의 무릎뼈와 종아리뼈가 연결되는 시작점을 찾는다.

1_3 찾은 자리를 깊게 열어준다.

1_4 같은 동작을 5회 반복해준다. 호흡과 함께 해주면 좋다.

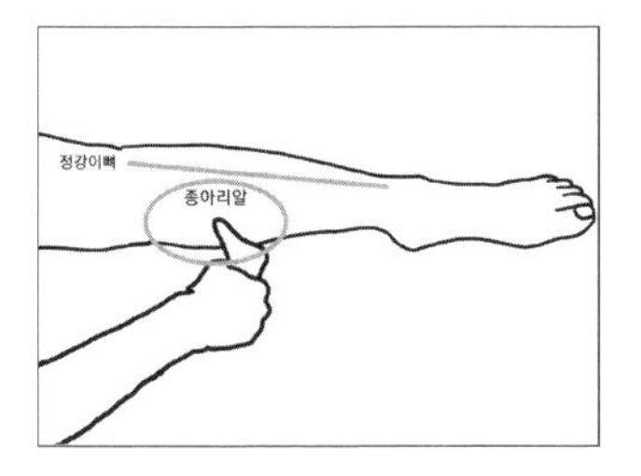

2_1 1번 그림에서 아래로 2cm 내려온 자리를 찾는다.

2_2 종아리 알의 중간지점이다. 지난 시간의 3번 그림을 참고해도 좋다.

2_3 찾은 자리에서 종아리 알 방향으로 열어준다. 종아리뼈와 종아리 알을 분리시키면 된다.

2_4 미끄덩거리는 느낌이 난다면 잘 찾은 것이다.

2_5 같은 동작을 5회 반복해 준다. 호흡과 함께해주면 좋다.

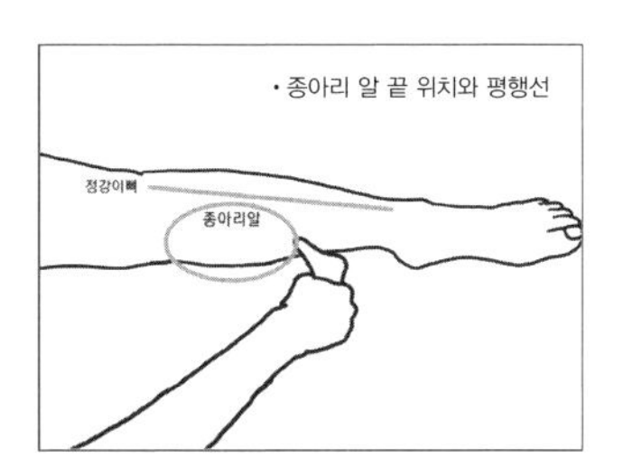

3_1 2번 그림에서 아래로 2cm 내려온 자리를 찾는다.

3_2 종아리 알이 끝나는 지점이다. 지난 시간의 4번 그림을 참고해도 좋다.

3_3 찾은 자리에서 종아리 알 방향으로 열어준다. 종아리뼈와 종아리 알을 분리시키면 된다.

3_4 미끄덩거리는 느낌이 난다면 잘 찾은 것이다.

3_5 같은 동작을 5회 반복해 준다. 호흡과 함께 해주면 좋다.

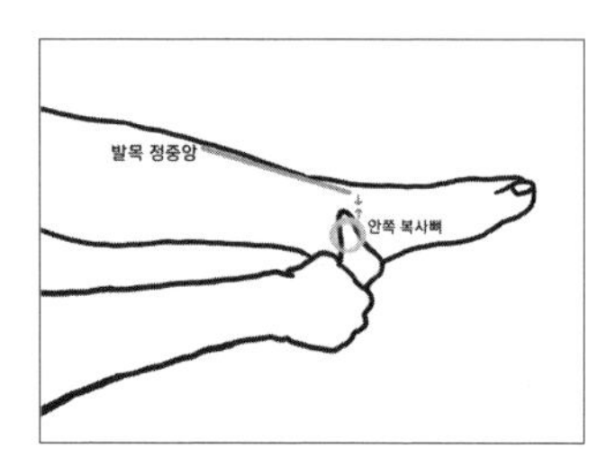

4_1 발목 정중앙과 안쪽 복사뼈의 중간 지점이다.

4_2 찾은 자리를 이번엔 기구를 세워서 깊게 열어준다.

4_3 같은 동작을 5회 반복해준다. 호흡과 함께 해주면 좋다.

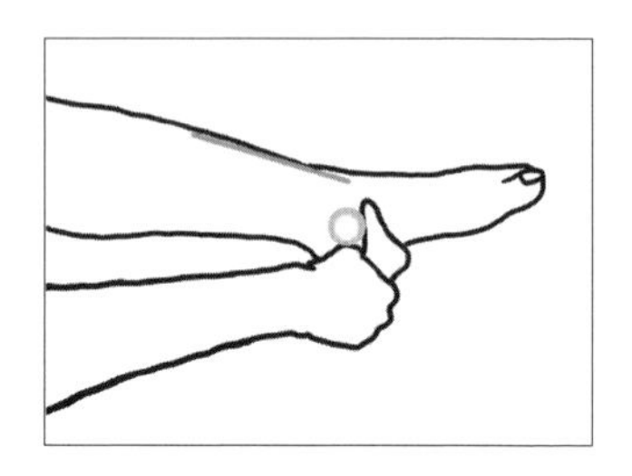

5_1 4번 자리에서 아래로 1cm 내려온다.

5_2 찾은 자리를 이번에도 기구를 세워서 깊게 열어준다.

5_3 같은 동작을 5회 반복해준다. 호흡과 함께 해주면 좋다.

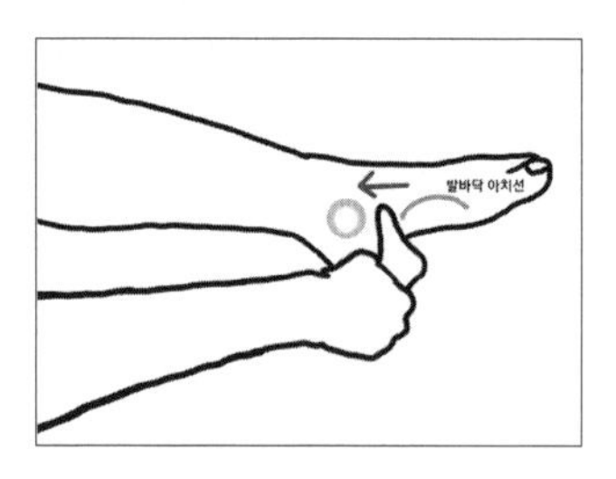

6_1 발의 아치부분에서 안쪽 복사뼈까지 풀어준다.

6_2 기구의 넓은 면적을 이용해서 풀어주면 된다.

6_3 같은 동작을 5회 반복해준다. 호흡과 함께 해주면 좋다.

기구를 이용하는 것이 손보다 훨씬 깊다는 말을 언급한 적이 있다.

손으로 만지는 것보다 익숙하진 않더라도 여러 번 반복해서 따라 한다면, 여러분은 분명히 터득할 수 있을 것이다.

예뻐지고 싶은 당신은 능력자!

'종아리 부종+종아리 알=종아리 라인' 끝장내봅시다!

Day 10 종아리 부종관리

(종아리 뒤태라인 만들기 기구를 이용한 방법)

– 종아리 뒤태 미남, 뒤태 미녀

가로 면적이 3~4cm 정도 되는 기구를 준비하자! 지난 시간에 사용했던 동일한 기구를 준비해도 좋다.

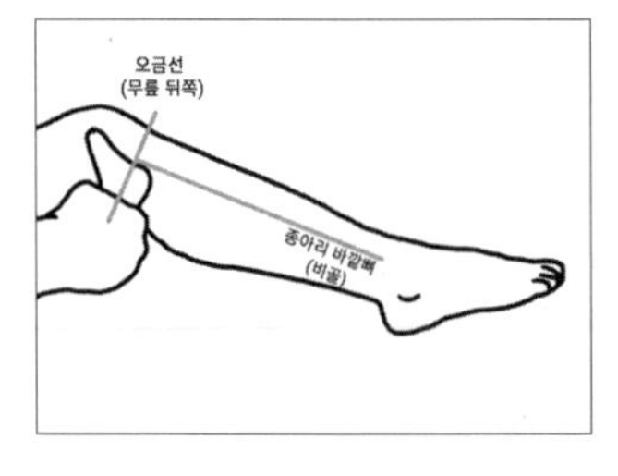

준비 자세는 다리를 굽힌 상태에서 종아리 알 바깥 모습이 보일 정도로만 비스듬히 두면 된다.

1_1 종아리 알의 시작점과 오금선이 만나는 지점을 찾는다. 종아리 바깥쪽 뼈인 비골의 시작점이다.

1_2 미끄덩한 느낌이 느껴질 수 있다.

1_3 찾은 곳을 깊게 열어준다. 호흡과 함께 해주면 좋다.

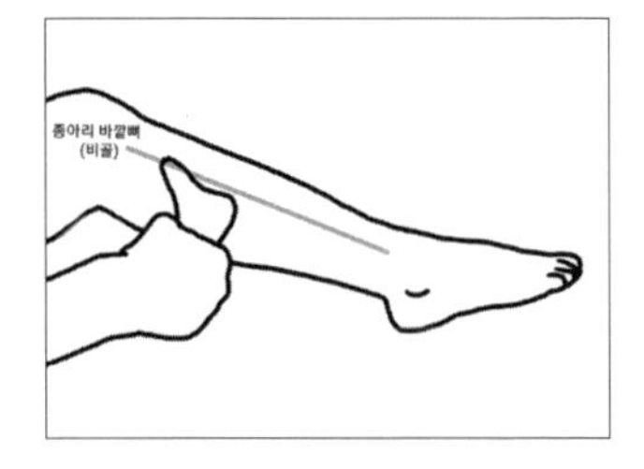

2_1 1번 그림에서 연결하여 종아리 중간 부분까지 열어준다. 종아리 바깥쪽 뼈인 비골과 분리시키면 된다.

2_2 이때 관리 간격을 2cm만큼만 밀어주고, 다시 2cm만큼만 밀어주기를 연속한다. 2cm 간격이 겹쳐도 상관없다.

2_3 종아리의 셀룰라이트 등 우두둑한 느낌이 느껴질 수 있다.

2_4 같은 동작을 5회 반복해준다. 호흡과 함께 해주면 좋다.

뒤태 미인
종아리 완성

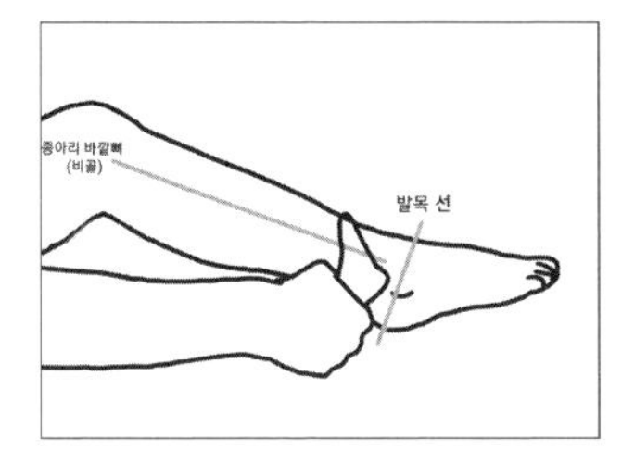

3_1 2번 그림에서 발목 선까지 풀어준다.

3_2 셀룰라이트와 미끄덩한 근막들이 느껴질 것이다.

3_3 같은 동작을 5회 반복해준다. 호흡과 함께해주면 좋다.

한 시간에 한 가지씩!

안쪽 종아리 라인부터 바깥쪽 종아리 라인,

뒤쪽 종아리 라인 순으로 나누어 더 세심하게 집중 관리한다면,

어느 각도에서 보아도 부종 없는

'11자' 다리 라인과 탄력 있는 종아리 라인을 유지할 수 있다.

Secret 3

두 마리 토끼
무릎 완성

Day 11

휜 다리 교정에 꼭 필요한
부종 관리 부종 빼기

– 무릎 라인 만들기(기구 편)

– 실종된 무릎 라인 되찾기!

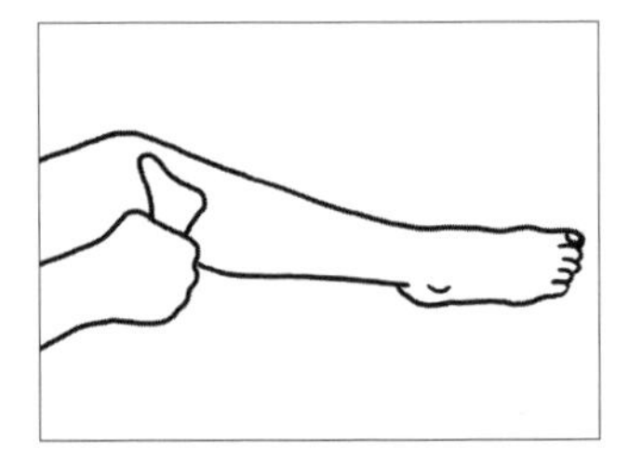

준비 자세는 다리를 세워두고 시작한다.

1_1 원형 기구로 내 무릎 아랫부분을 감싼다.

1_2 무릎 아랫부분을 깊게 열어준다.

1_3 아래 면적을 동시에 깊게 열어주어도 좋지만, 부분으로 나누어 열어줘도 좋다. 안쪽, 중앙, 바깥쪽 나누어 열어줘도 좋다.

1_4 같은 동작을 5회 반복해 준다. 호흡과 함께해 주면 좋다.

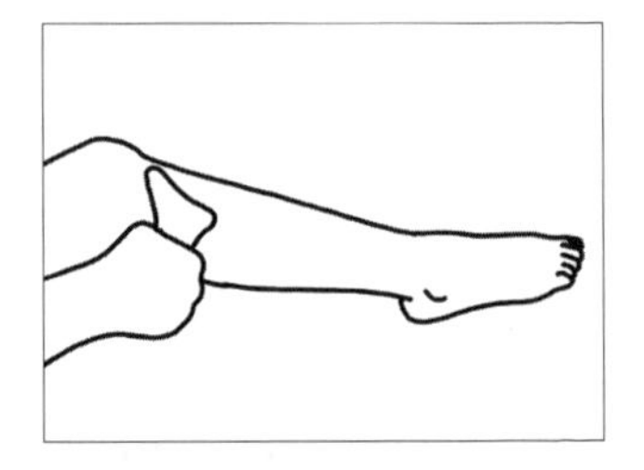

2_1 1번 그림의 바깥부분을 찾는다.

2_2 찾은 자리를 깊게 열어준다.

2_3 같은 동작을 5회 반복해 준다. 호흡과 함께 해주면 좋다.

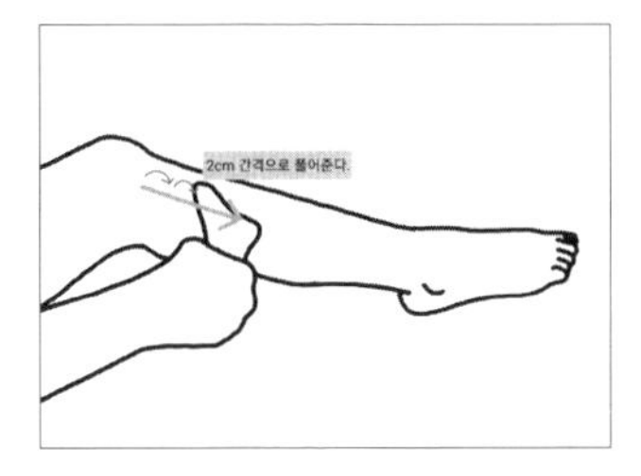

3_1 2번 그림에서 종아리 중간 위치까지 풀어준다. 정강이뼈 바로 옆 선을 열어주면 된다.

3_2 2cm 간격으로 아래로 이동하면서 풀어주면 된다. 뼈와 근육, 미끄덩한 느낌이 모두 느껴질 것이다.

3_3 같은 동작을 5회 반복해 준다. 호흡과 함께 해주면 좋다.

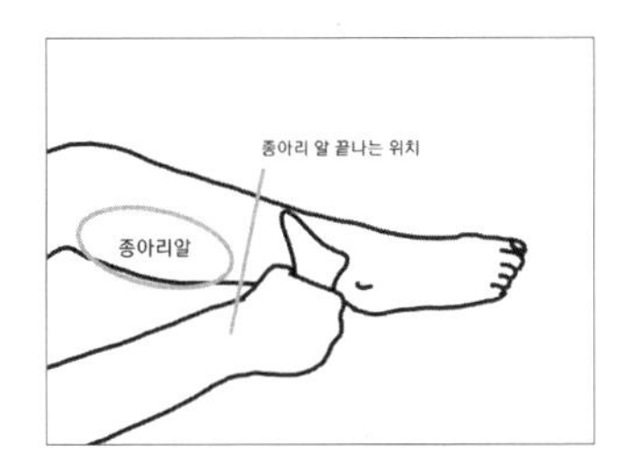

4_1 3번 자리에서 종아리 알 아랫부분까지 풀어준다.

4_2 2cm 간격으로 아래로 이동하면서 풀어주면 된다.

4_3 같은 동작을 5회 반복해준다. 호흡과 함께 해주면 좋다.

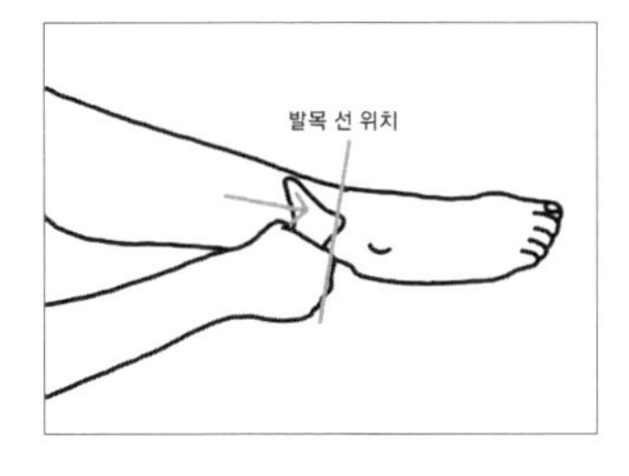

5_1 3번 그림 자리에서 발목 선까지 풀어준다.

5_2 미끄덩한 근막들이 느껴질 것이다.

5_3 같은 동작을 5회 반복해준다. 호흡과 함께해주면 좋다.

기구를 이용한 무릎 라인 만들기!

무릎은 아래로는 종아리, 위로는 허벅지를 연결하는 연결선!

이곳이 고장 나버리면,

미용상 다리 라인이 안 예뻐지는 것은 물론,

통증까지 생길 수 있는 굉장히 중요한 곳이다!

열심히 해서 건강과 미!

두 마리 토끼를 잡아보자!

Day 12	부종 관리

Day 12 부종 관리

(무릎 라인 만들기, 무릎 위쪽) 기구 1편

– 와! 숨겨진 무릎이 보인다!

– 휜 다리 교정에 꼭 필요한 부종 관리(근막 관리)

– 무릎 라인 만들기(무릎 위쪽) – 기구 편

가로 면적이 3~4cm 정도 되는 기구를 준비하자! 지난 시간에 사용했던 동일한 기구를 준비해도 좋다.

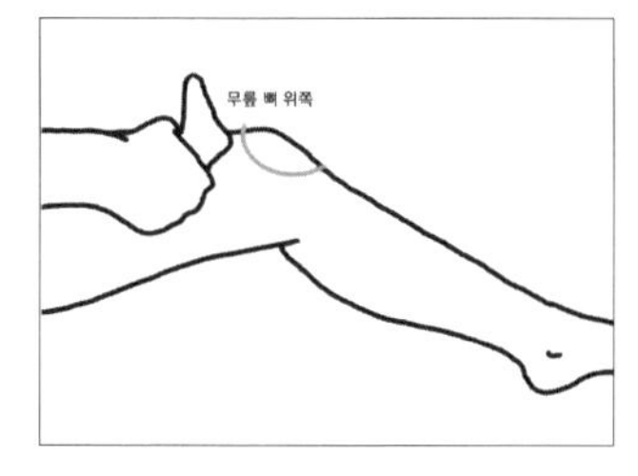

준비 자세는 다리를 세워두고 시작한다.

1_1 무릎을 세운 상태에서 위쪽 무릎 뼈를 찾는다.

1_2 찾은 자리를 모두 깊게 열어준다.

1_3 같은 동작을 5회 반복한다. 호흡과 함께해주면 좋다.

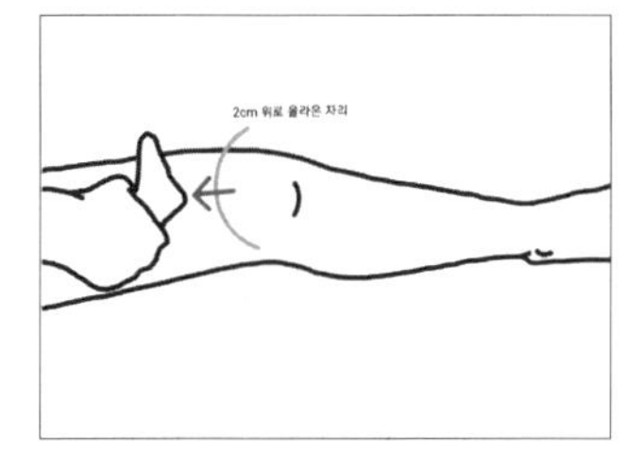

2_1 1번 그림에서 2cm 바깥 자리를 찾는다.

2_2 찾은 자리를 모두 깊게 열어준다.

2_3 같은 동작을 5회 반복한다. 호흡과 함께해주면 좋다.

두 마리 토끼
무릎 완성

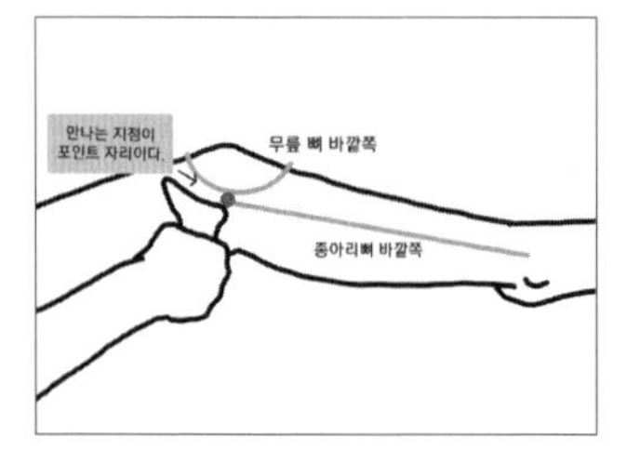

3_1 바깥 종아리 시작점과 바깥 무릎뼈의 연결점을 찾는다.

3_2 찾은 자리를 깊게 열어준다.

3_3 같은 동작을 5회 반복해준다. 호흡과 함께해주면 좋다.

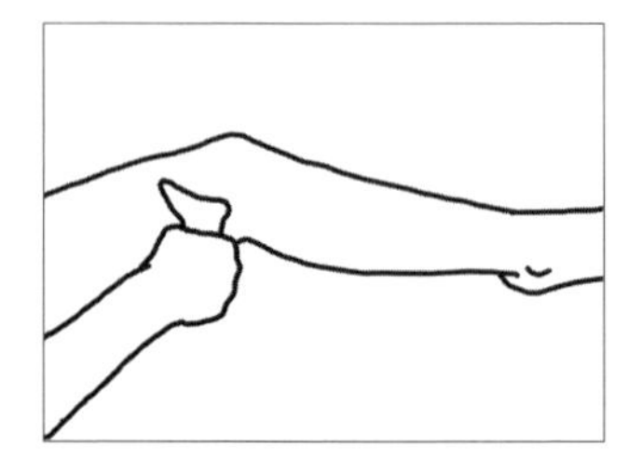

4_1 위쪽 무릎의 무릎 형태를 확인해본다.

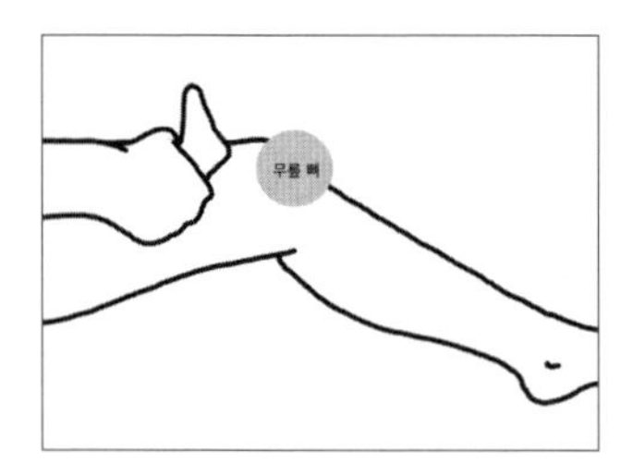

5_1 무릎 안쪽의 셀룰라이트를 풀어준다.

5_2 무릎을 시계로 그려두고, 1시부터 5시까지 모두 풀어준다. 마치 무릎뼈를 바깥으로 꺼낸다는 생각으로 풀어주면 된다.

5_3 울퉁불퉁한 느낌이 느껴질 것이다.

5_4 같은 동작을 5회 반복해준다. 호흡과 함께 해주면 좋다.

두 마리 토끼
무릎 완성

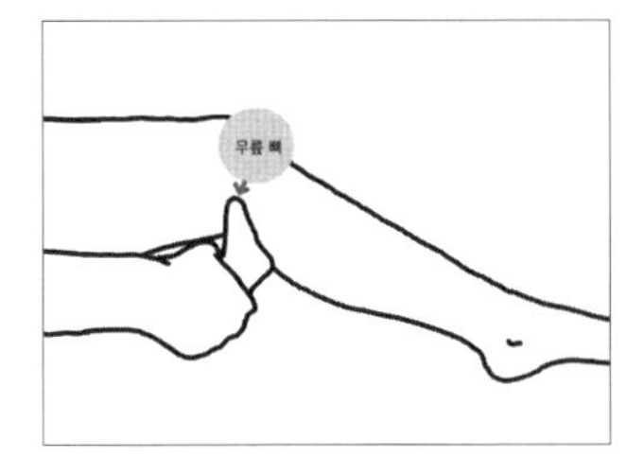

6_1 5번 그림에서 2cm 바깥 자리를 찾는다.

6_2 찾은 자리의 셀룰라이트를 풀어준다.

6_3 무릎을 시계로 그려두고, 1시부터 5시까지 모두 풀어준다. 마치 무릎뼈 바깥 부분의 셀룰라이트를 쓸어준다는 생각으로 풀어주면 된다.

6_4 울퉁불퉁한 느낌이 느껴질 것이다.

6_5 같은 동작을 5회 반복해준다. 호흡과 함께 해주면 좋다.

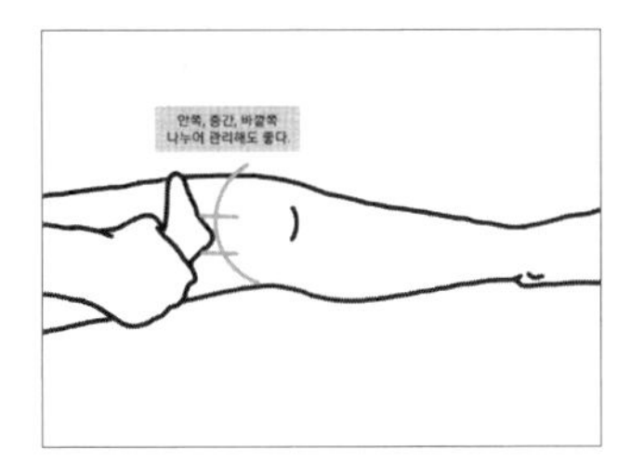

7_1 무릎 윗부분을 기구의 면적으로 풀어준다. 마치 무릎뼈를 바깥으로 꺼낸다는 생각으로 풀어주면 된다.

7_2 동시에 깊게 열어주어도 좋지만, 부분으로 나누어 열어줘도 좋다. 안쪽, 중앙, 바깥쪽 나누어 열어줘도 좋다.

7_3 같은 동작을 5회 반복해준다. 호흡과 함께해주면 좋다.

두 마리 토끼
무릎 완성

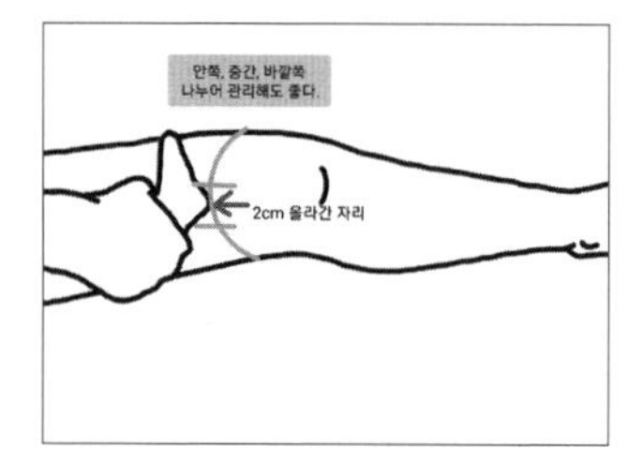

8_1 7번 그림에서 위로 2cm 올라간 자리를 기구의 면적으로 풀어준다. 마치 무릎뼈 바깥 부분의 셀룰라이트를 쓸어준다는 생각으로 풀어준다.

8_2 동시에 깊게 열어주어도 좋지만, 부분으로 나누어 열어줘도 좋다. 안쪽, 중앙, 바깥쪽 나누어 열어줘도 좋다.

8_3 같은 동작을 5회 반복해준다. 호흡과 함께해주면 좋다.

이제 뚜렷한 무릎 라인이 생겼는가?

평소에 자주 만지지 않는 생소한 곳이라서 아프겠지만,

관리 후에 예뻐질 내 모습만 생각 하자!

Day 13	# 부종 관리 (무릎 라인 만들기, 무릎 안쪽) 기구 1편

– 무릎 안쪽 살 타파하기 1탄
– 휜 다리 교정에 꼭 필요한 근막 관리
– 안쪽 무릎 라인 만들기 – 기구 편
– 부종 관리 무릎 만들기 – 기구 편

가로 면적이 3~4cm 정도 되는 기구를 준비하자!

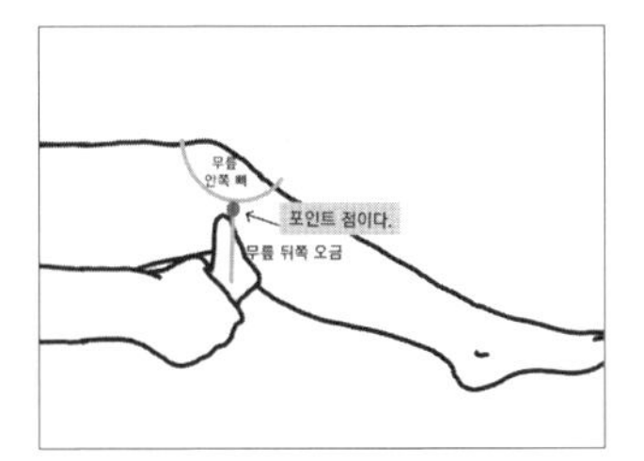

준비 자세는, 다리를 굽힌 상태에서 벽에 기대면 된다.

1_1 무릎의 안쪽 뼈 부분을 찾는다. 무릎 뒤인 오금선에서 올라온 자리이다.

1_2 찾은 자리를 깊게 열어준다.

1_3 같은 동작을 5회 반복한다. 호흡과 함께해주면 좋다.

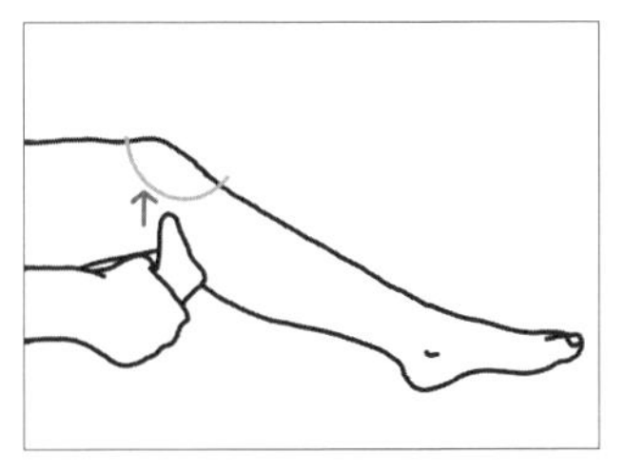

2_1 1번 자리를 이제는 깊게 바깥 무릎 쪽으로 밀어준다.

2_2 45도 각도로 깊게 열어준다. 안쪽 무릎뼈를 꺼내준다는 생각으로 관리하면 된다.

2_3 같은 동작을 5회 반복한다. 호흡과 함께해주면 좋다.

두 마리 토끼
무릎 완성

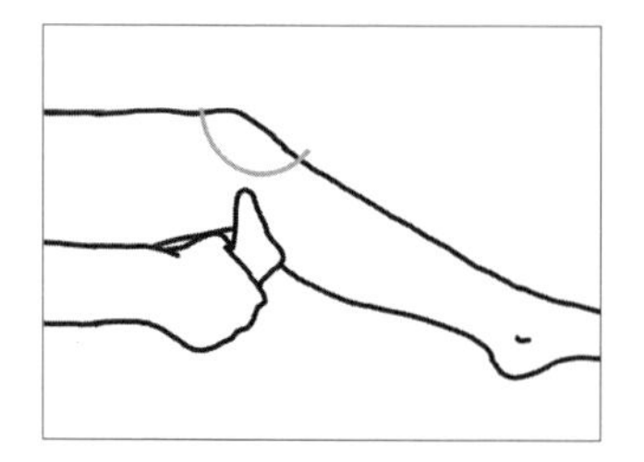

3_1 기구의 각도를 바꿔가며 2번 자리를 더욱 깊게 열어준다.

3_2 셀룰라이트 때문에 울퉁불퉁한 느낌이 느껴질 것이다.

3_3 같은 동작을 5회 반복해 준다. 호흡과 함께 해주면 좋다.

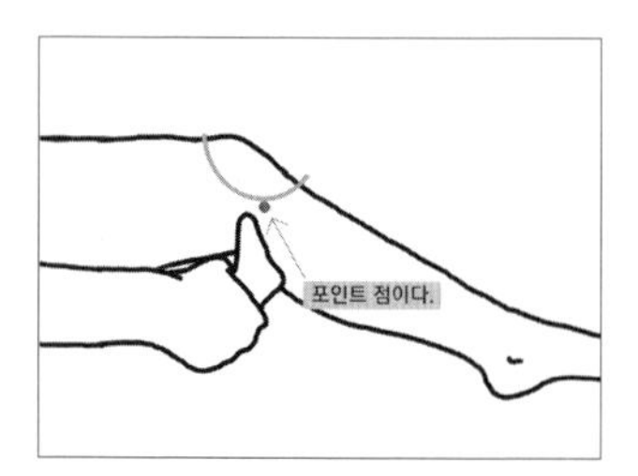

4_1 3번 자리에서 좀 더 앞으로 나와 정강이뼈와 연결된 포인트 점을 찾는다. 시계 방향으로 4시 방향이고 반대편은 8시 방향이다.

4_2 찾은 자리를 깊게 열어준다.

4_3 같은 동작을 5회 반복해 준다. 호흡과 함께해주면 좋다.

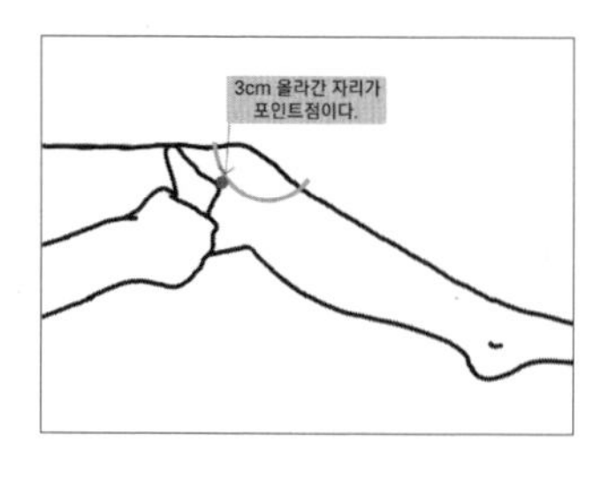

5_1 4번 자리에서 3cm 정도 위로 올라와 무릎뼈를 찾는다. 시계방향으로 2시 방향이고, 반대편은 10시 방향이다.

5_2 찾은 자리를 깊게 열어준다.

5_3 같은 동작을 5회 반복해준다. 호흡과 함께해주면 좋다.

두 마리 토끼
무릎 완성

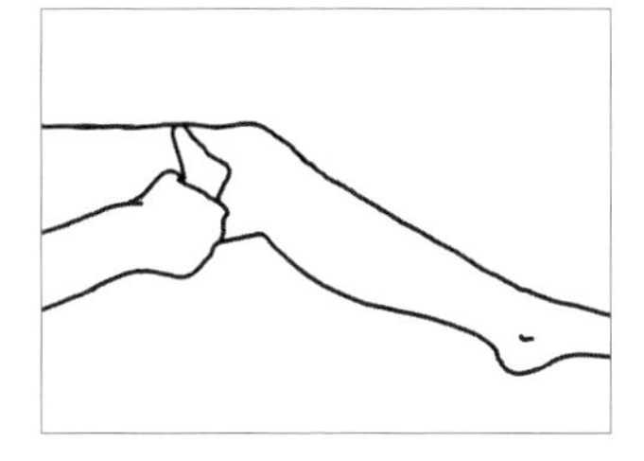

6_1 5번 자리를 기구의 각도를 바꿔가며 더 깊이 열어준다.

6_2 깊이 들어갈수록 셀룰라이트가 느껴진다.

6-3. 같은 동작을 5회 반복해준다. 호흡과 함께해주면 좋다.

점점 내 골격에 익숙해지고 있다면 굿!

이 동작은 어디서나 쉽게 할 수 있는 동작으로

앉아있을 때 습관적으로 해보자.

휜 다리 교정엔 모든 골격의 위치가 중요!

한 곳이라도 비대칭 체형이라면,

그만큼 휜 다리 교정 관리 효과의 지속력이 떨어진다.

쉬워 보이는 관리 동작이라도 이 기회에 정확히 배워놓자!

Day 14

부종 관리
(무릎 라인 만들기, 무릎 안쪽) 기구 2편

– 무릎 안쪽 살 타파하기 2탄
– 휜 다리 교정에 꼭 필요한 근막 관리
– 안쪽 무릎 라인 만들기 – 기구 편

지난번에 무릎 안쪽 관리(부종 관리)를 소개했었다. 이번에는 같은 무릎 안쪽 관리(근막 관리)이지만, 기구를 변경하여 관리법을 달리해 보았다. 먼저, 가로 면적이 3~4cm 정도 되는 기구를 준비하자!

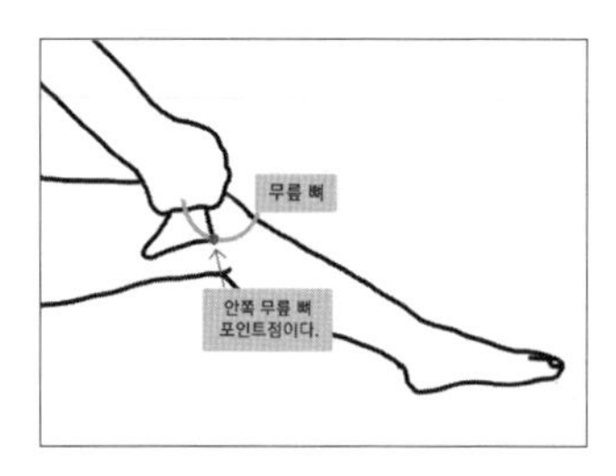

준비 자세는 다리를 90도로 접어두고 시작한다.

1_1 다리를 접어둔 상태에서 안쪽 무릎의 가장 바깥 위치를 찾는다.

1_2 찾은 자리를 지긋이 열어준다.

1_3 같은 동작을 5회 반복해준다. 호흡과 함께해주면 좋다.

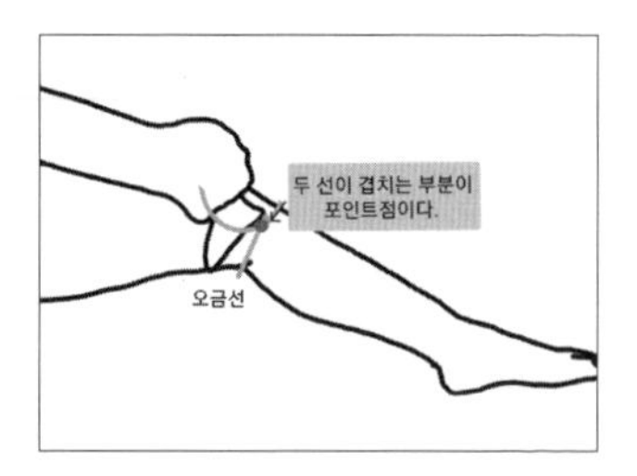

2_1 무릎 뒤인 오금에서 무릎 쪽으로 올라온 위치를 찾는다.

2_2 찾은 자리를 깊게 열어준다.

2_3 같은 동작을 5회 반복해준다. 호흡과 함께해주면 좋다.

두 마리 토끼
무릎 완성

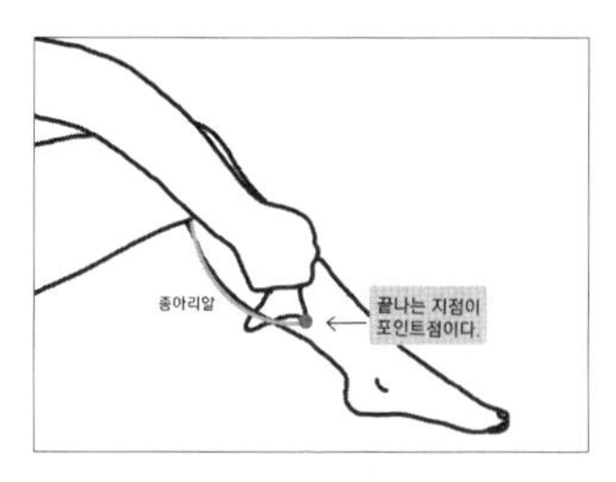

3_1 종아리 알 경계선의 제일 아랫부분을 찾는다.

3_2 찾은 자리를 안쪽을 향해 45도 각도로 지긋이 열어준다.

3_3 같은 동작을 5회 반복해준다.

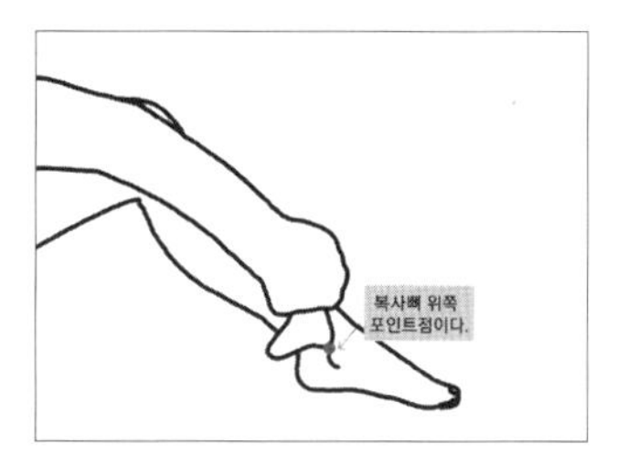

4_1 안쪽 복사뼈 위쪽을 찾는다.

4_2 찾은 자리를 지긋이 열어준다.

4_3 같은 동작을 5회 반복해준다. 호흡과 함께해주면 좋다.

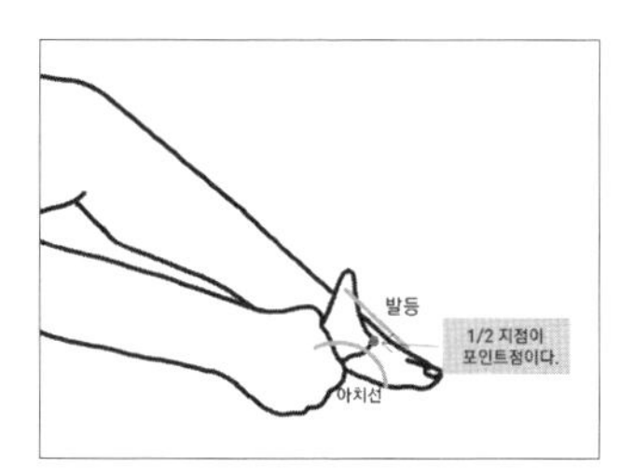

5_1 발바닥 아치 부분과 발등의 1/2 지점을 찾는다.

5_2 찾은 자리를 지긋이 열어준다.

5_3 같은 동작을 5회 반복해준다. 호흡과 함께해주면 좋다.

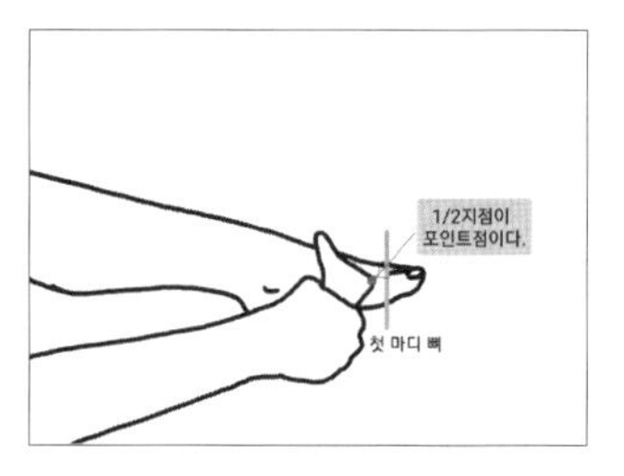

6_1 5번 그림 자리와 엄지발가락 첫마디 뼈와의 1/2 지점을 찾는다.

6_2 찾은 자리를 지긋이 열어준다.

6_3 같은 동작을 5회 반복해준다. 호흡과 함께해주면 좋다.

같은 동작을 5회 반복해준다.

내 다리가 심하다 생각한다면, 5회 이상이라고 생각하자!

셀룰라이트에 묻혀 골격이 느껴지지 않는다면,

조금 심하다고 생각하면 된다.

현재 내 다리 라인에 실망하지 않아도 된다.

앞으로 예뻐질 수 있는 방법은 있으니깐!

Day 15 근막 관리

(무릎 라인 만들기, 무릎 위쪽) 기구 2편

– 여신 무릎 완성하기!

– 휜 다리 교정에 꼭 필요한 근막 관리

– 위쪽 무릎 라인 만들기–기구 편

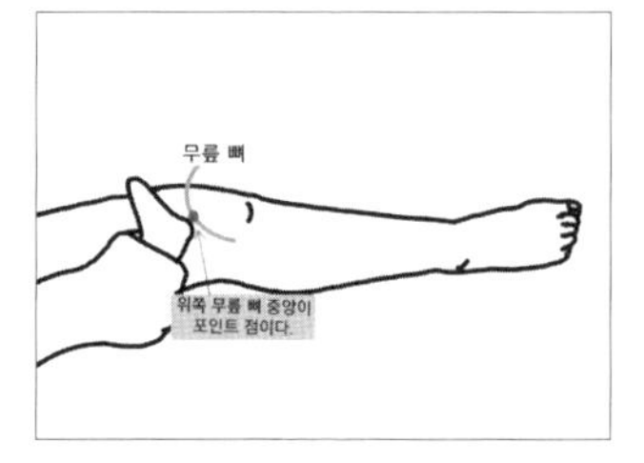

준비 자세는 다리를 세워두고 시작한다.

1_1 무릎 중앙선에서 무릎뼈 위쪽을 찾는다.

1_2 찾은 자리를 지긋이 열어준다.

1_3 같은 동작을 5회 반복한다. 호흡과 함께해주면 좋다.

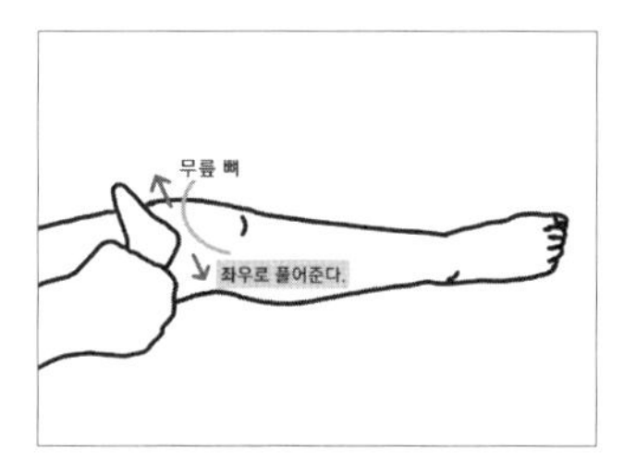

2_1 1번 자리를 이번엔 좌우로 움직이면서 길을 열어준다.

2_2 우두둑한 느낌이 느껴진다면 잘 관리한 것이다.

2_3 같은 동작을 5회 반복한다. 호흡과 함께해주면 좋다.

두 마리 토끼
무릎 완성

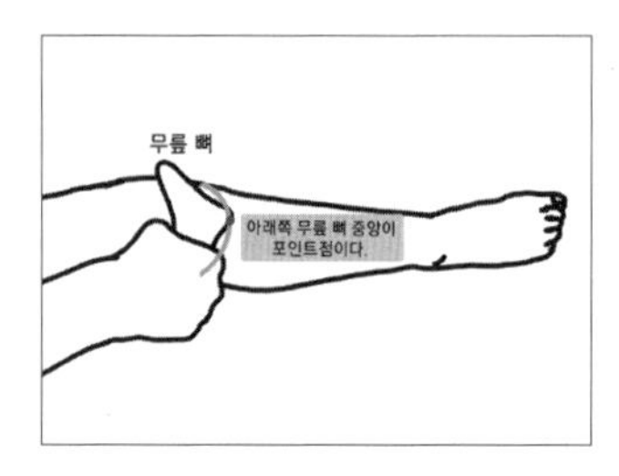

3_1 무릎 아래쪽으로 무릎뼈를 찾는다.

3_2 찾은 자리를 지긋이 열어준다.

3_3 같은 동작을 5회 반복한다. 호흡과 함께해주면 좋다.

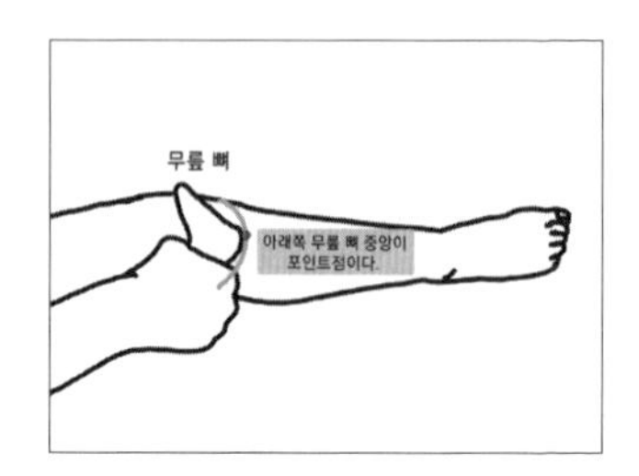

4_1 무릎 중앙선에서 안쪽 무릎뼈를 찾는다.

4_2 찾은 자리를 지긋이 열어준다.

4_3 같은 동작을 5회 반복한다. 호흡과 함께해주면 좋다.

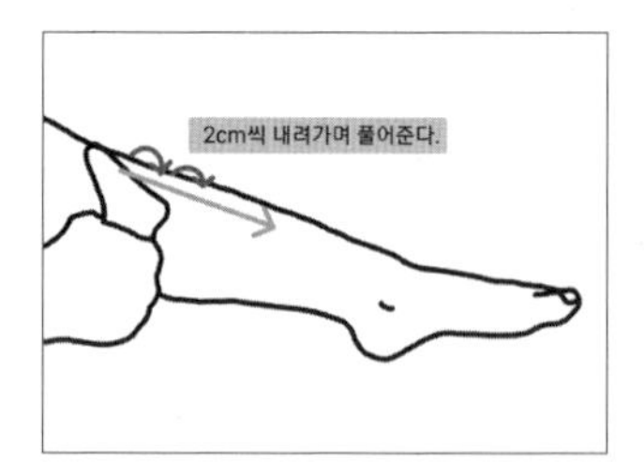

5_1 4번 자리에서 아래쪽으로 관리한다.

5_2 이때 관리 간격을 2cm만큼만 열어주고, 다시 2cm만큼만 열어주기를 연속한다. 2cm 간격이 겹쳐도 상관없다.

5_3 종아리의 셀룰라이트 등 우두둑한 느낌이 느껴질 수 있다.

5_4 같은 동작을 5회 반복한다. 호흡과 함께해주면 좋다.

두 마리 토끼
무릎 완성

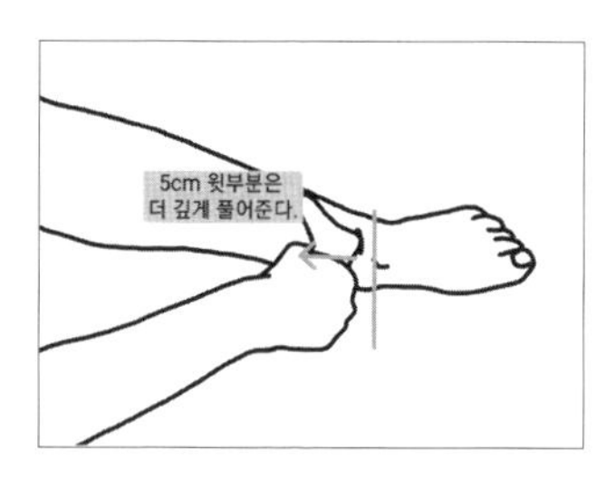

6_1 계속 아래로 내려오면서 관리해준다.

6_2 발목에서 5cm 윗부분을 찾는다.

6_3 찾은 자리를 깊게 풀어준다.

6_4 같은 동작을 5회 반복한다. 호흡과 함께해주면 좋다.

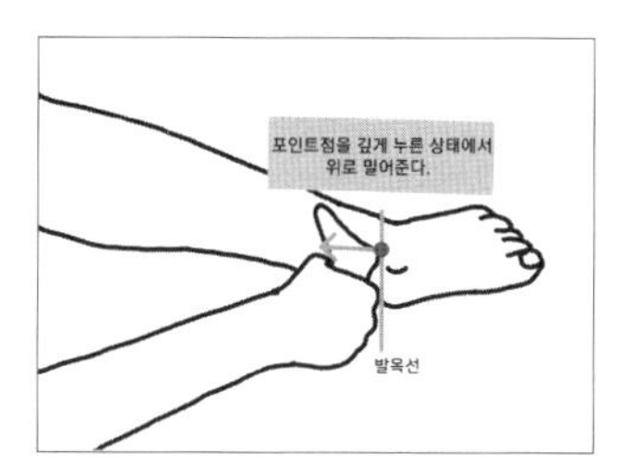

7_1 발목 라인을 찾는다. 안쪽 복사뼈의 윗부분 쪽이다.

7_2 찾은 자리를 깊게 누른 상태에서 위로 밀어준다.

7_3 같은 동작을 5회 반복한다. 호흡과 함께해주면 좋다.

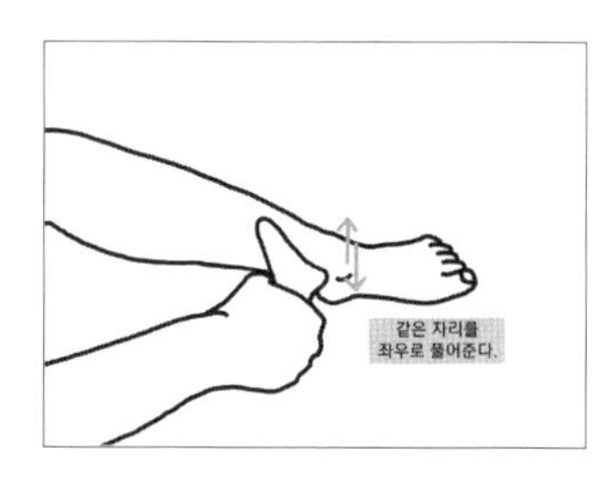

8_1 7번 자리를 데고 있는 상태에서 좌우로 길을 열어준다.

8_2 안으로 우두둑한 느낌이 느껴진다면 잘 찾은 것이다.

8_3 같은 동작을 5회 반복한다. 호흡과 함께해주면 좋다.

두 마리 토끼
무릎 완성

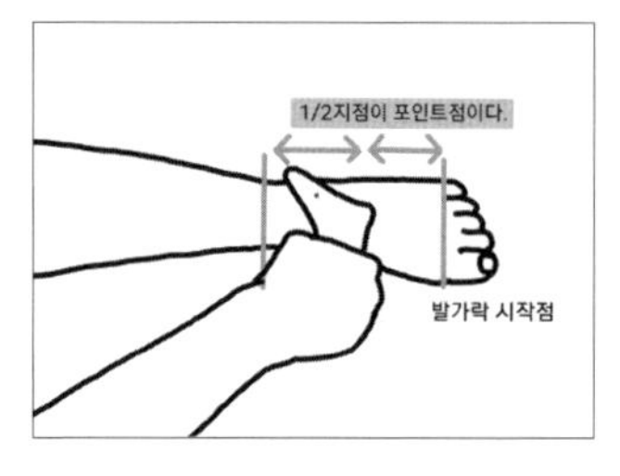

9_1 발목과 발등의 1/2지점을 찾는다.

9_2 찾은 곳을 지긋이 열어준다.

9_3 같은 동작을 5회 반복한다. 호흡과 함께해주면 좋다.

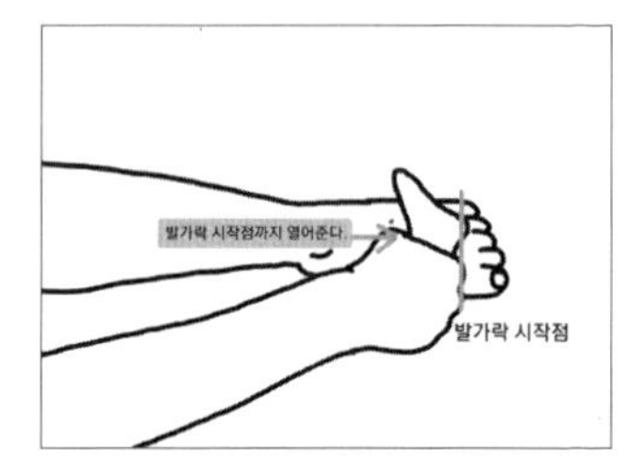

10_1 9번 그림부터 발가락 시작점까지 열어준다.

10_2 같은 동작을 5회 반복한다. 호흡과 함께해주면 좋다.

다양한 모양의 도구로 얼마든지 예쁜 다리 라인을 만들 수 있다.

중요한 건 전문 기구가 아니다!

얼마나 효과적인 기술로 확실히 관리하는지가 가장 중요하다.

휜 다리 교정에 꼭 필요한 부종관리, 근막 관리!

다음엔 발목 관리를 할 것이다.

Secret 4

휜 다리 교정에 꼭 필요한 근막 관리

Day 16 발목 부종 관리

(발목 라인 만들기, 발목 안쪽) 기구 편

– 발목 라인 만들기

– 아픈 코끼리 발목 기구로 완전히 타파하기!

발목 관리를 기구로 하는 편을 준비하였다. 손으로만 관리해도 상당히 아팠던 발목 관리를 이번에는 기구로 더 강하게 한다. 하지만 그만큼 더 확실한 포인트가 될 테니, 정확도를 높여서 잘 따라 하길 바란다. 휜 다리 교정에도 굉장히 중요한 발목 부위라는 것을 다시 한 번 새겨 두도록 하자! 먼저, 가로 면적이 3~4cm 되는 기구를 준비하자.

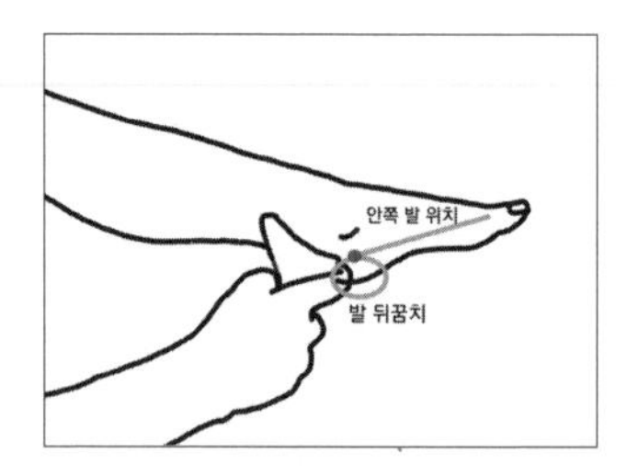

준비 자세는 다리를 굽힌 상태에서 벽에 기대면 된다.

1_1 발뒤꿈치와 연결된 안쪽 발 부분을 찾는다.

1_2 찾은 자리를 깊게 열어준다.

1_3 같은 동작을 5회 반복한다. 호흡과 함께해주면 좋다.

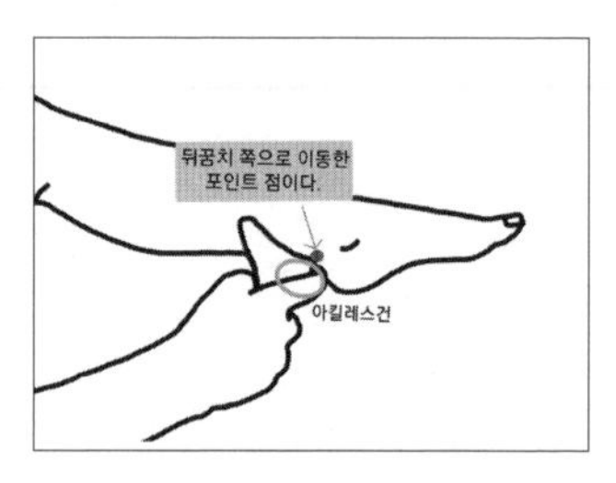

2_1 1번 자리에서 발뒤꿈치 쪽으로 포인트 자리를 찾는다. 아킬레스건 앞쪽이다.

2_2 찾은 자리를 깊게 열어준다.

2_3 같은 동작을 5회 반복한다. 호흡과 함께해주면 좋다.

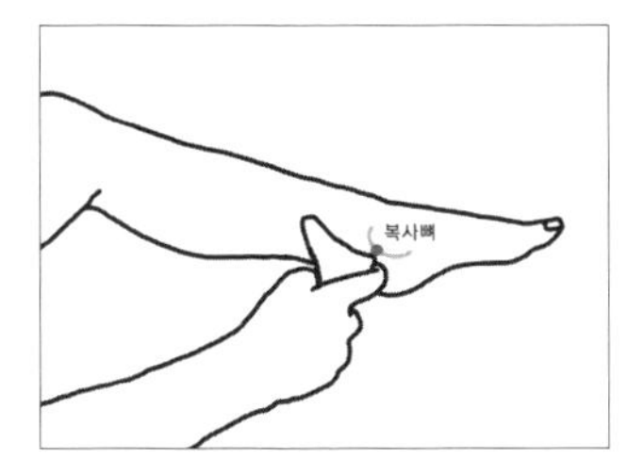

3_1 2번 자리에서 안쪽 복사뼈 쪽으로 열어준다.

3_2 같은 동작을 5회 반복한다. 호흡과 함께해주면 좋다.

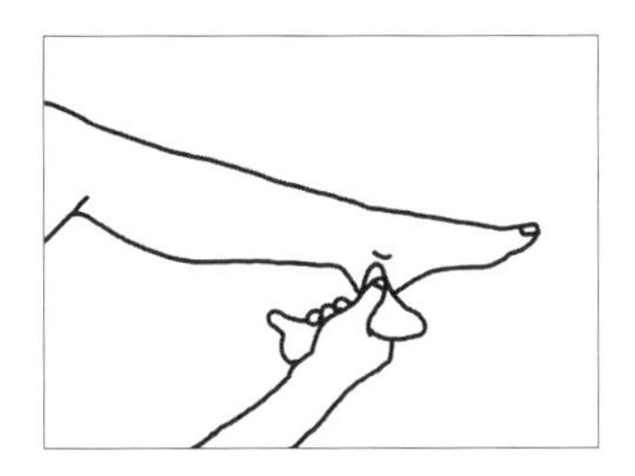

4_1 3번 자리에서 내측 복사뼈를 깊게 들어준다.

4_2 같은 동작을 5회 반복한다. 호흡과 함께해주면 좋다.

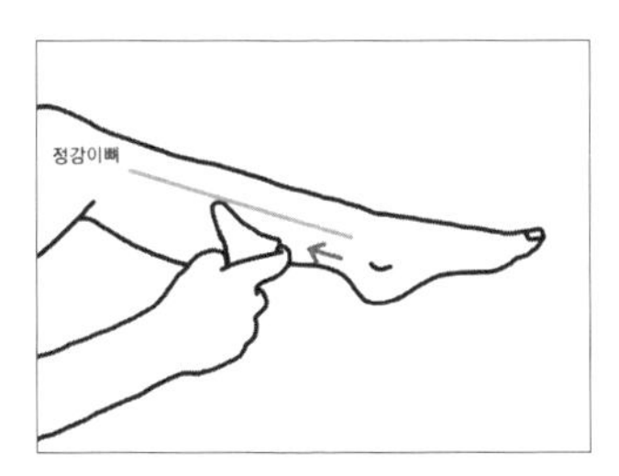

5_1 4번 자리에서 연결해서 위쪽으로 올라온다.

5_2 정강이뼈 쪽으로 밀어준다.

5_3 같은 동작을 5회 반복한다. 호흡과 함께해주면 좋다. 위로 올라오면서 깊게 열어준다.

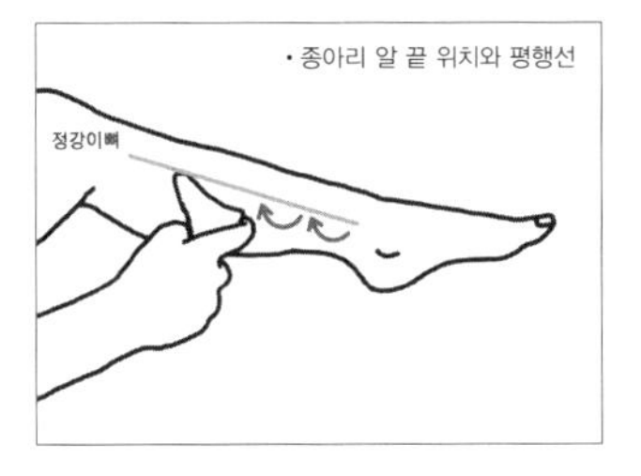

6_1 1cm 간격으로 위로 이동하면서 풀어주면 된다. 뼈와 셀룰라이트가 모두 느껴질 것이다.

6_2 같은 동작을 5회 반복한다. 호흡과 함께해주면 좋다.

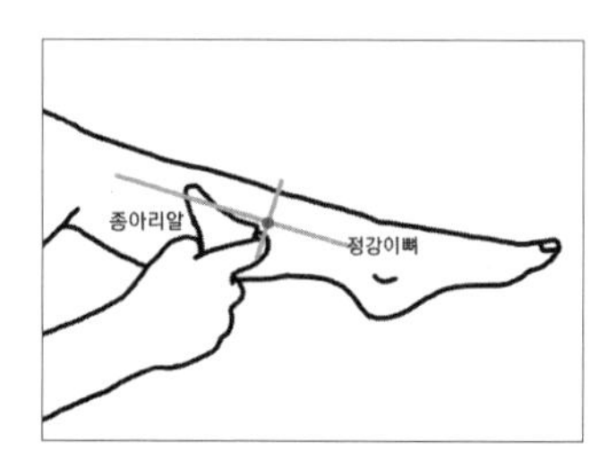

7_1 종아리 알 지점에선 안쪽 정강이뼈 쪽으로 깊게 열어준다.

7_2 셀룰라이트와 근육의 미끄덩한 느낌이 느껴진다면 잘 찾은 것이다.

7_3 같은 동작을 5회 반복한다. 호흡과 함께해주면 좋다.

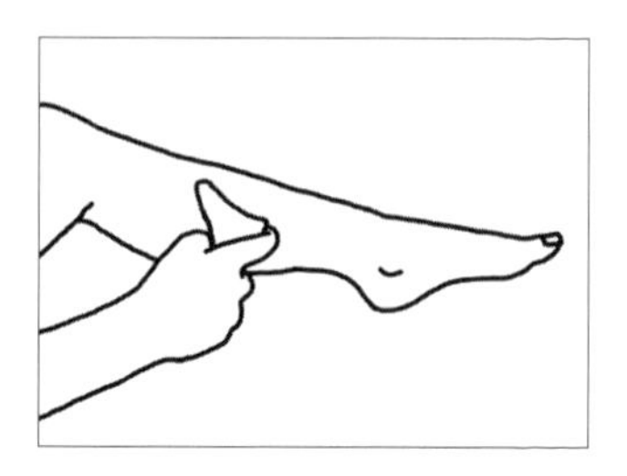

8_1 7번 자리를 5회 반복 한 후엔, 다시 한 번 더 깊게 열어준다. 호흡과 함께 더 깊이 열어준다.

8_2 종아리 알과 정강이뼈를 분리한다는 생각으로 열어준다.

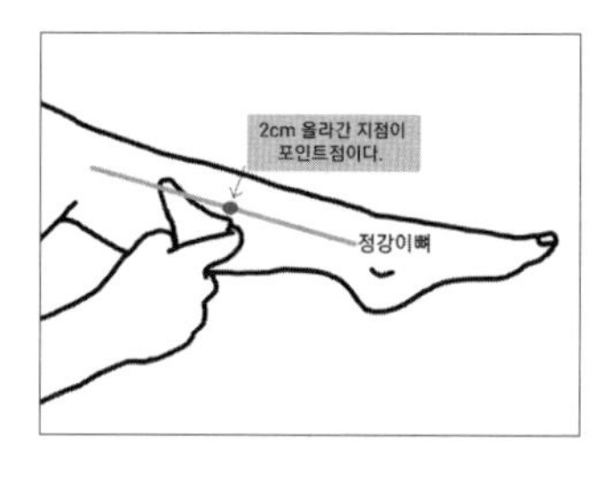

9_1 8번 자리에서 위로 2cm 위쪽 자리를 찾는다.

9_2 찾은 자리를 깊게 열어준다.

9_3 셀룰라이트와 근육의 미끄덩한 느낌이 모두 느껴질 것이다.

9_4 같은 동작을 5회 반복한다. 호흡과 함께해주면 좋다.

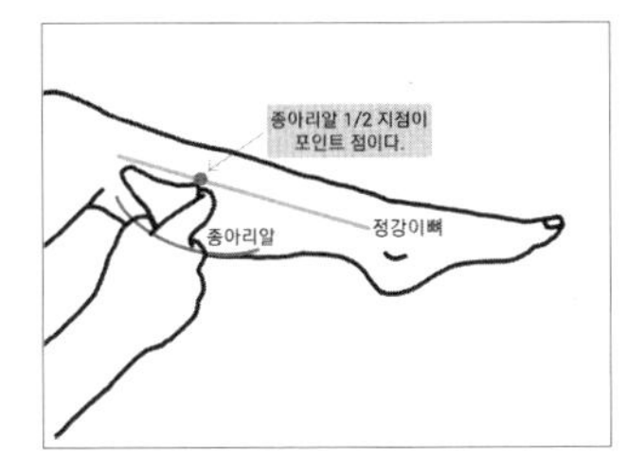

10_1 종아리 알 1/2 지점을 찾는다.

10_2 찾은 자리를 깊게 열어준다. 정강이뼈와 종아리 알을 분리한다는 생각으로 열어준다.

10_3 같은 동작을 5회 반복한다. 호흡과 함께해주면 좋다.

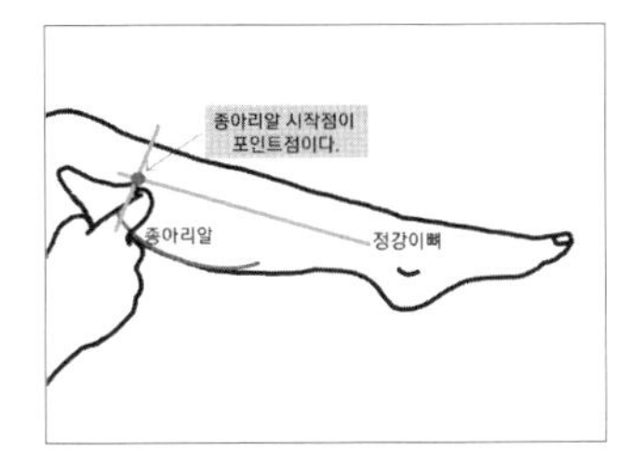

11_1 종아리 알 시작점을 찾는다.

11_2 찾은 자리를 깊게 열어준다.

11_3 셀룰라이트와 미끄덩한 느낌이 느껴진다면 잘 찾은 것이다.

11_4 같은 동작을 5회 반복한다. 호흡과 함께해주면 좋다.

발목 안쪽 부종 관리 끝!

발목 통증으로 힘들어했던 분들도 꾸준히 했다면,

많이 완화되는 것을 느꼈을 것이다.

코끼리 발목, 두꺼운 발목. 스키니 라인에

가장 예쁜 다리 황금비율 5 : 3 : 2 중 발목 2!

이제 나도 그렇게 돼보자!!

Day 17 부종관리

(발목 라인 만들기, 발목 바깥쪽) 기구 편

– 종아리 '11자' 라인 만들기!
– 바깥 발목이 틀어지면서 부종이 생기면, 위로 종아리두께까지 두꺼워져 버린다.
– 종아리 살, 두꺼운 종아리라면 발목 문제를 의심해보자.

먼저! 가로 면적이 3~4cm 정도 되는 기구를 준비하자! 지난 시간에 사용했던 동일한 기구를 준비해도 좋다.

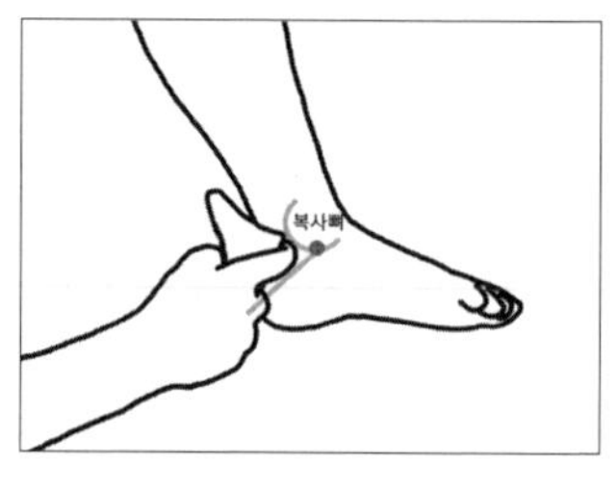

준비 자세는 다리를 'ㄱ' 자 정도로 접어놓고 시작한다.

1_1 바깥 복사뼈와 발뒤꿈치가 연결된 자리를 찾는다.

1_2 찾은 자리를 기구의 모서리 부분을 이용해서 깊게 열어준다.

1_3 같은 동작을 5회 반복한다. 호흡과 함께해주면 좋다.

2_1 발뒤꿈치 경계선을 도구의 면적으로 발바닥 쪽으로 밀어준다.

2_2 우두둑 느낌이 느껴진다면 잘 찾은 것이다.

2_3 같은 동작을 5회 반복한다. 호흡과 함께해주면 좋다.

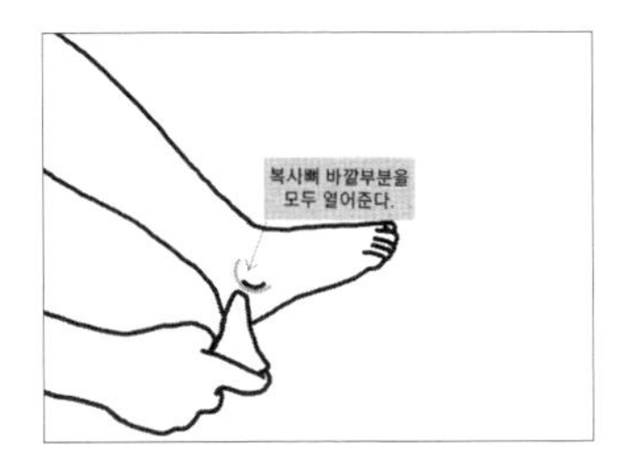

3_1 1번 그림의 자리 부분을 기구의 2cm 정도의 면적을 이용하여 열어준다.

3_2 복사뼈 바깥 부분을 모두 깊게 열어준다.

3_3 같은 동작을 5회 반복한다. 호흡과 함께해주면 좋다.

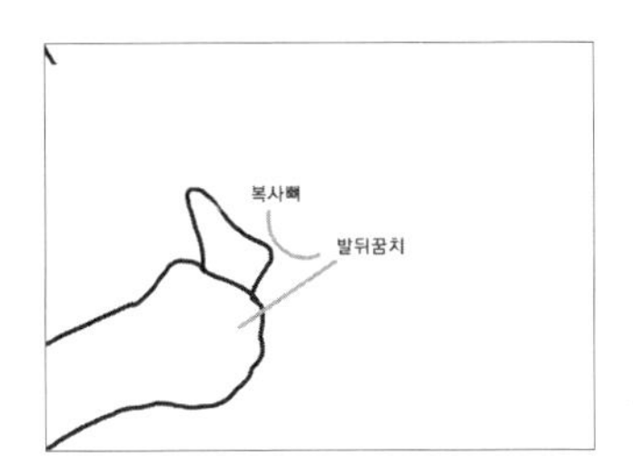

4_1 3번 그림의 위치를 다시 찾는다.

4_2 이번에도 기구의 2cm 정도의 면적을 이용해서 발뒤꿈치 쪽으로 밀어낸다.

4_3 같은 동작을 5회 반복한다. 호흡과 함께해주면 좋다.

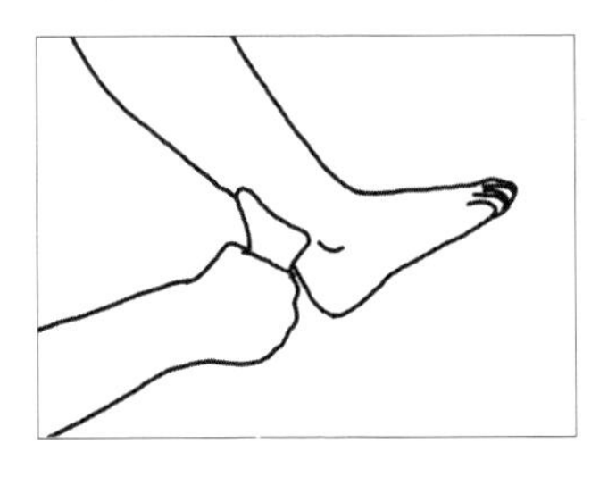

5_1 3번 관리 내용을 기구의 모서리 부분을 이용해서 더 깊게 열어준다.

5_2 이번엔 골격의 형태가 나타날 정도로 깊게 열어준다.

5_3 같은 동작을 5회 반복한다. 호흡과 함께해주면 좋다.

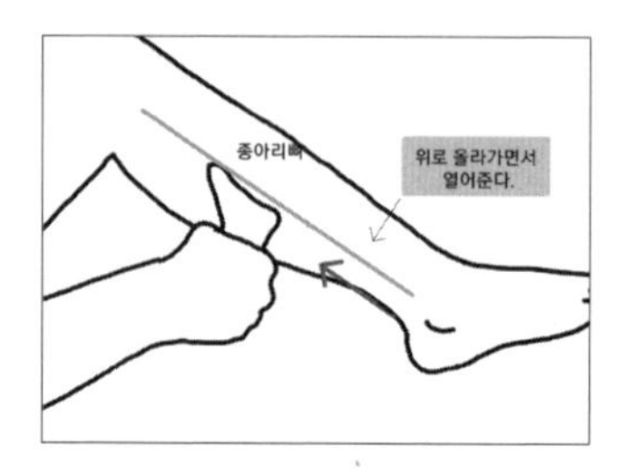

6_1 5번 내용과 같은 방법으로 위로 올라가면서 열어준다. 종아리뼈를 바깥으로 꺼내듯이 열어준다.

6_2 1cm 정도 간격을 두면서 깊이 열어준다.

6_3 같은 동작을 5회 반복한다. 호흡과 함께해주면 좋다.

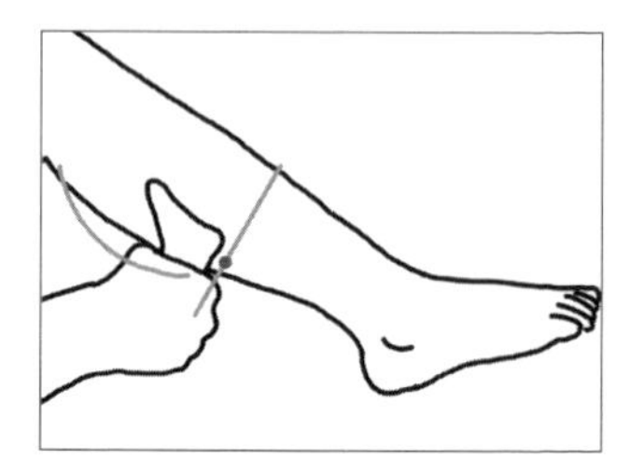

7_1 종아리 알 시작점까지 올라간다. 종아리뼈를 바깥으로 꺼내듯이 열어준다.

7_2 종아리 알 시작점은 기구의 모서리 부분을 이용해서 더 깊게 열어준다.

7_3 같은 동작을 5회 반복한다. 호흡과 함께해주면 좋다.

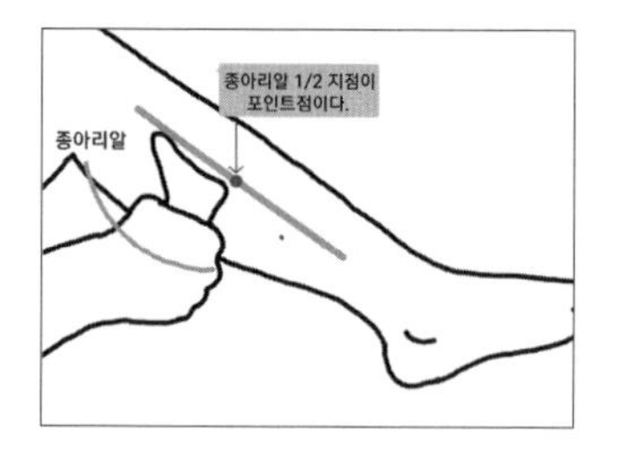

8_1 종아리 알 1/2지점을 기구의 모서리 부분을 이용해서 깊게 열어준다.

8_2 같은 동작을 5회 반복한다. 호흡과 함께해주면 좋다.

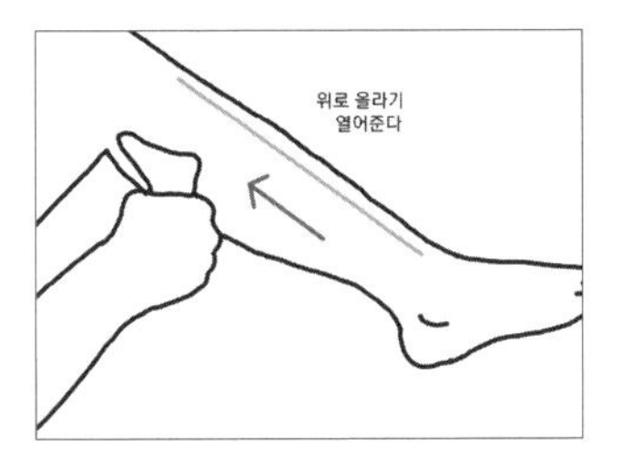

9_1 뒤쪽에서 올라온 오금 선과 바깥쪽 무릎 선의 연결된 자리까지 올라오면서 열어준다.

9_2 기구의 모서리 부분을 이용해서 깊게 열어준다.

9_3 같은 동작을 5회 반복한다. 호흡과 함께해주면 좋다.

*오금 선과 바깥쪽 무릎 선의 연결된 자리는 노폐물이 쌓이는 자리이기 때문에 더 많이, 더 깊게 열어줘야 한다.

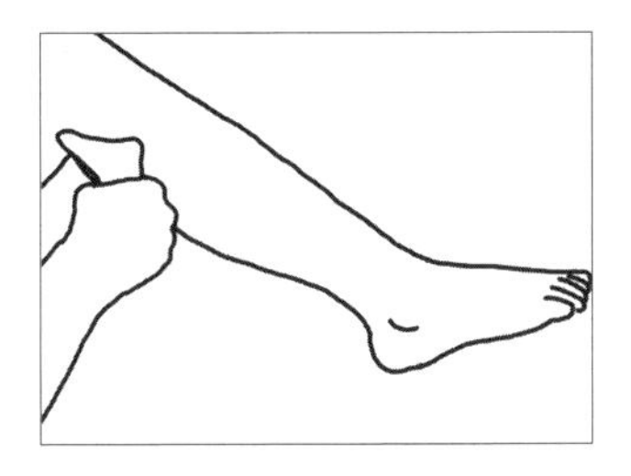

10_1 9번 자리에서 위로 1cm씩 올라오면서 경계선을 깊게 열어준다.

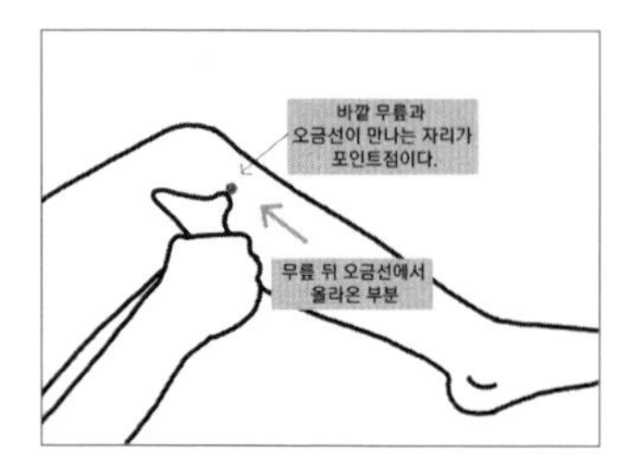

11_1 뒤쪽에서 올라온 오금 선과 바깥쪽 무릎 선의 연결된 자리도 깊게 열어준다.

11_2 기구의 모서리 부분을 이용해서 깊게 열어주면 된다.

11_3 같은 동작을 5회 반복한다. 호흡과 함께해주면 좋다.

*오금 선과 바깥쪽 무릎 선의 연결된 자리는 노폐물이 쌓이는 자리이기 때문에 더 많이, 더 깊게 열어줘야 한다.

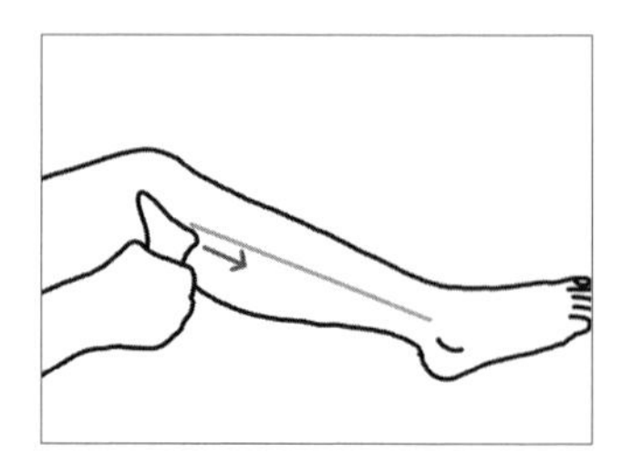

12_1 이번엔 기구의 면적으로 올라온 길을 훑어준다.

12_2 셀룰라이트가 느껴지면서 울퉁불퉁할 것이다.

12_3 같은 동작을 5회 반복한다. 호흡과 함께해주면 좋다.

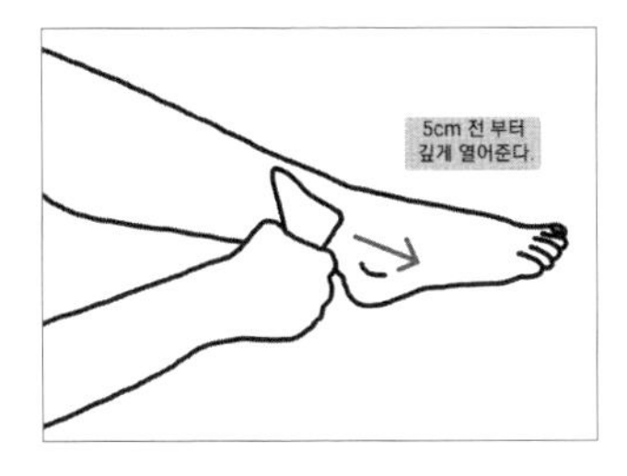

13_1 발목 위 5cm 지점에선 깊이 풀어준다.

13_2 같은 동작을 5회 반복한다(호흡과 함께해주면 좋다).

바깥 발목 라인부터 바깥 종아리 라인이 11자 라인이 되었는가?

다음 시간은 뒤태 라인을 함께 할 예정이다.

발목을 한 바퀴 빙글 돌면서 집중 관리해보자!

Day 18	부종관리 (발목 라인 만들기, 뒤태라인) 기구 편

- 두둑한 발목은 가라! 뒤태라인 끝장내기
- 휜 다리 교정에 꼭 필요한 근막 관리
- 발목 라인 만들기(뒤태 라인) - 기구 편

바디 라인은 앞모습도 잘 가꿔야 하지만, 뒤태 라인도 못지 않게 고민거리가 된다. 그 중 두둑한 두꺼운 발목 라인은 오늘 여기서 책임지겠다! 먼저, 가로 면적이 3~4cm 정도 되는 기구를 준비하자!

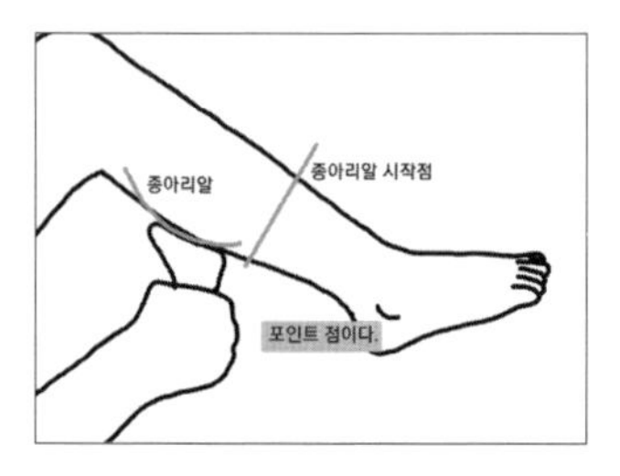

준비 자세는 다리를 굽히고 시작한다.

1_1 종아리 알의 시작점을 찾는다.

1_2 찾은 자리를 중앙 위치를 기구를 세워서 모서리로 깊게 열어준다.

1_3 같은 동작을 5회 반복한다. 호흡과 함께해주면 좋다.

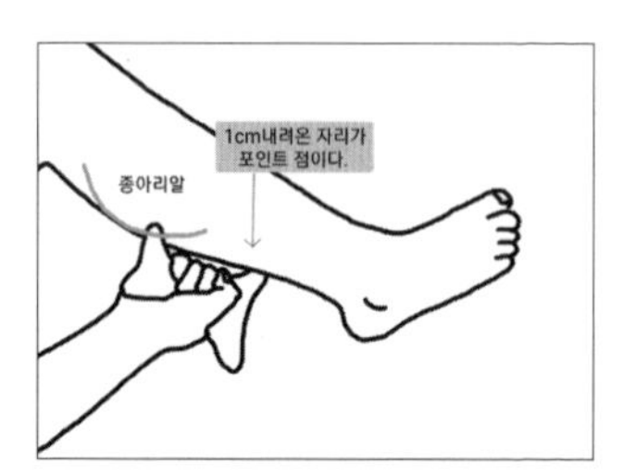

2_1 1번 자리에서 1cm 정도 아래쪽으로 내려온 위치를 찾는다.

2_2 역시 중앙 자리를 기구의 모서리 부분을 이용해 깊게 열어준다.

2_3 같은 동작을 5회 반복한다. 호흡과 함께해주면 좋다.

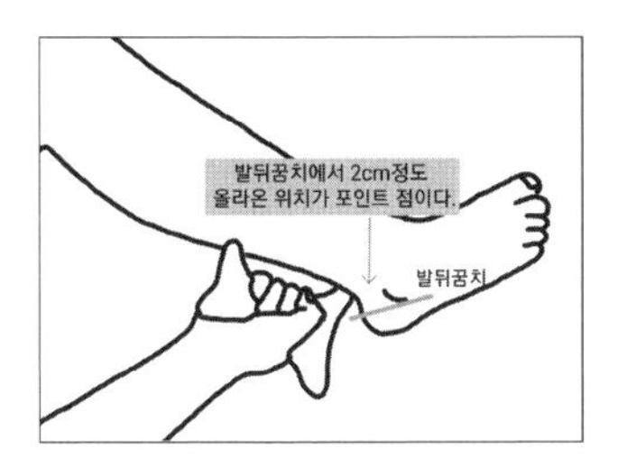

3_1 발뒤꿈치에서 2cm 위로 올라온 위치를 찾는다.

3_2 찾은 자리를 기구의 2cm 정도의 면적을 이용하여 깊게 열어준다.

3_3 같은 동작을 5회 반복한다. 호흡과 함께해주면 좋다.

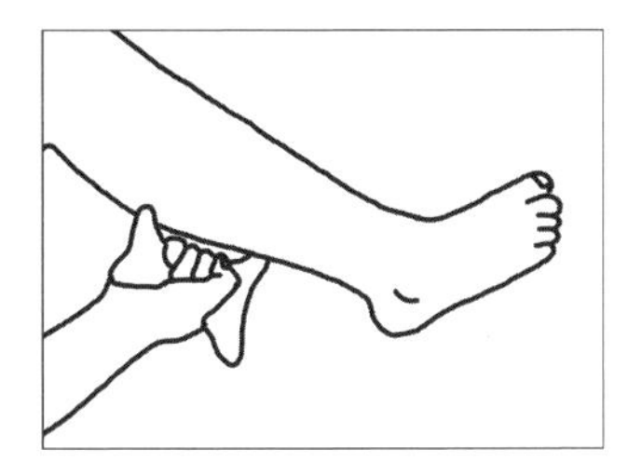

4_1 종아리 알 시작점에서 3번 자리까지 다시 한번 열어준다.

4_2 기구의 모서리를 이용해서 열어준다.

4_3 이번엔 기구의 면적을 이용해서 열어준다.

4_4 같은 동작을 5회 반복한다. 호흡과 함께해주면 좋다.

총 4가지 동작으로 지금까지

가장 짧은 부종 관리 셀프 홈 케어 방법이었다.

쉬운 만큼 정확히 기억해두자!

일자바지, 부츠 컷으로 내 다리를 가리지 말고,

스키니 라인, 나의 다리 라인을 뽐내보자!

Secret 5

하비 탈출!

Day 19 근막 관리
(발목 관리 + 종아리 관리) 기구 편

– 휜 다리 교정에 꼭 필요한 근막 관리
– 발목 라인, 종아리 라인 만들기 – 기구 편

이번에는 발목 관리부터 종아리 관리까지 할 것이다. 휜 다리 체형 중 많은 문제점을 보이는 다리 라인의 바깥 부분인 이곳을 관리할 것이다. 가로 면적이 3~4cm 정도 되는 기구를 준비하자!

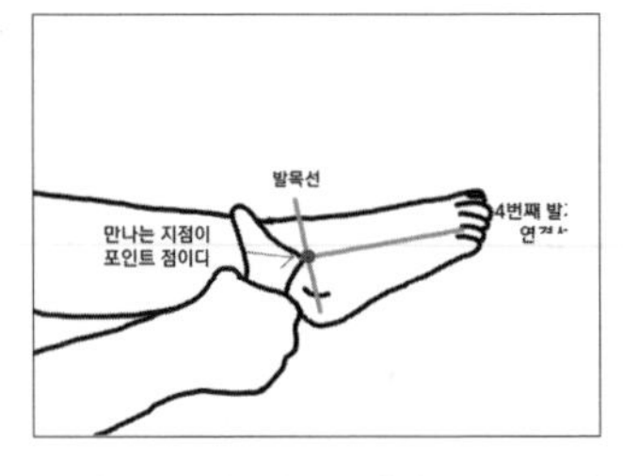

다리를 곧게 펴고, 바깥쪽 발목이 잘 보이도록 옆으로 돌려두고 시작한다.

1_1 4번째 발가락에서 위로 올라오면서 첫 시작하는 발목 선을 찾는다(발목 바깥쪽 위치).

1_2 찾은 자리를 기구의 모서리를 이용해서 깊게 열어준다.

1_3 같은 동작을 5회 반복한다. 호흡과 함께해주면 좋다.

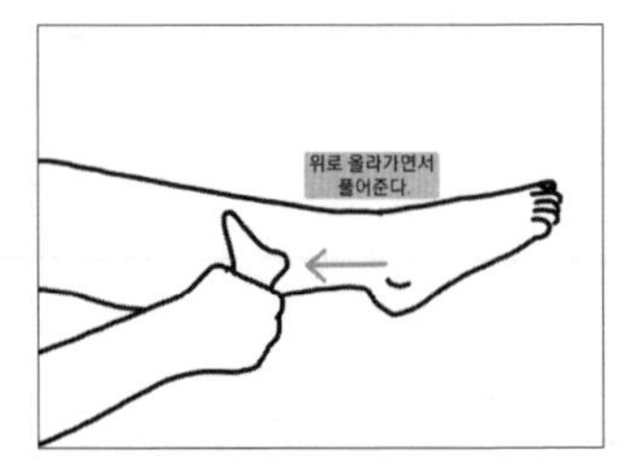

2_1 1번 자리에서 위로 올라가면서 바깥 종아리 라인을 풀어준다.

2_2 기구의 면적을 이용해서 풀어준다.

2_3 같은 동작을 5회 반복한다. 호흡과 함께해주면 좋다.

하비 탈출

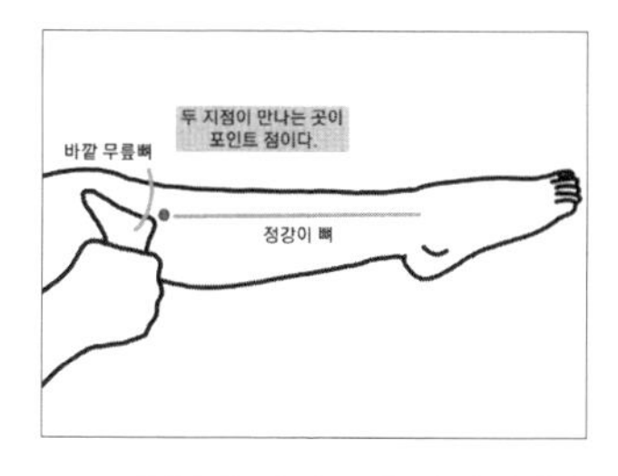

3_1 무릎뼈 바깥쪽과 정강이뼈의 연결점을 찾는다.

3_2 찾은 자리를 기구의 모서리를 이용해서 깊게 풀어준다.

3_3 같은 동작을 5회 반복한다. 호흡과 함께해주면 좋다.

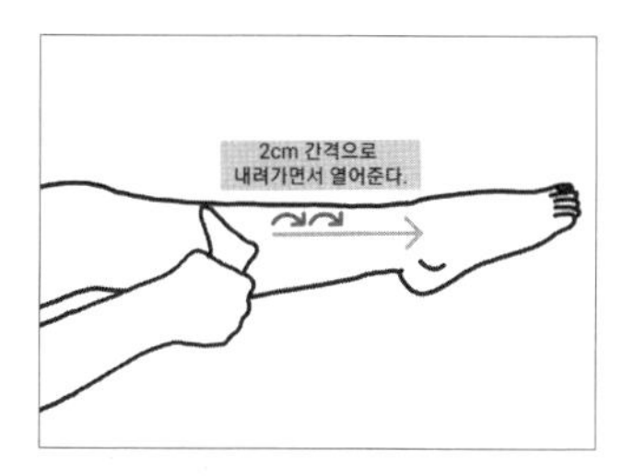

4_1 3번 자리에서 발목 방향으로 내려가면서 열어준다.

4_2 2cm 간격으로 내려가면서, 기구의 모서리 부분을 이용해서 열어준다.

4_3 같은 동작을 5회 반복한다. 호흡과 함께해주면 좋다.

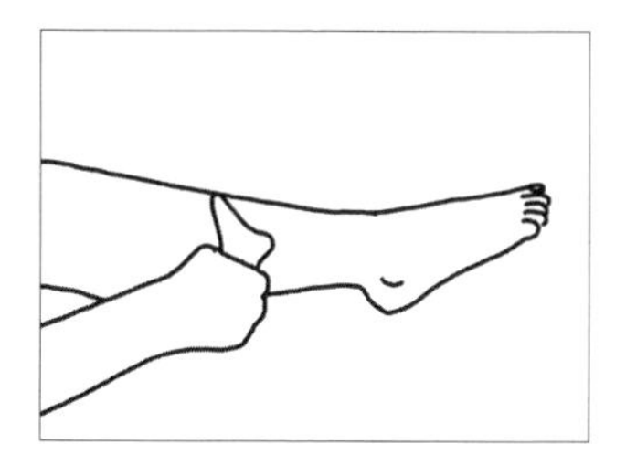

5_1 4번 관리 내용을 바깥 발목 위치까지 이어준다.

하비 탈출

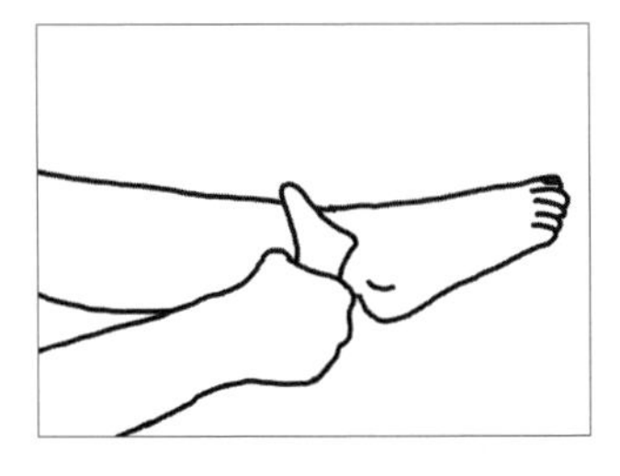

6_1 발목 선까지 깊게 열어주면 된다.

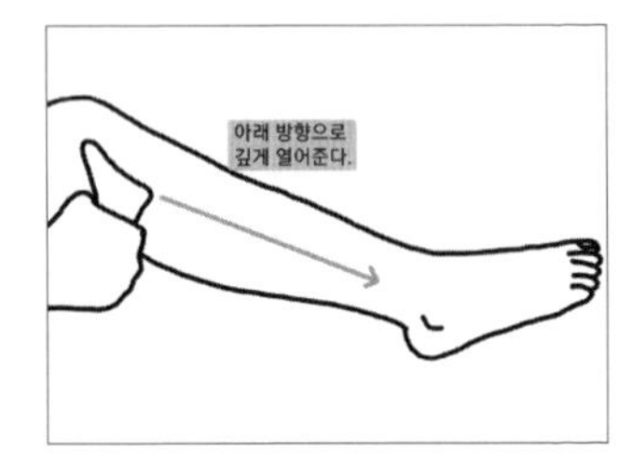

7_1 다시 3번 그림의 자리로 올라간다.

7_2 이번엔 발목 방향으로 더 깊게 훑어준다.

7_3 2cm 간격으로 내려가면서, 기구의 전체 면적을 이용해서 깊게 열어준다.

7_4 같은 동작을 5회 반복한다. 호흡과 함께해주면 좋다.

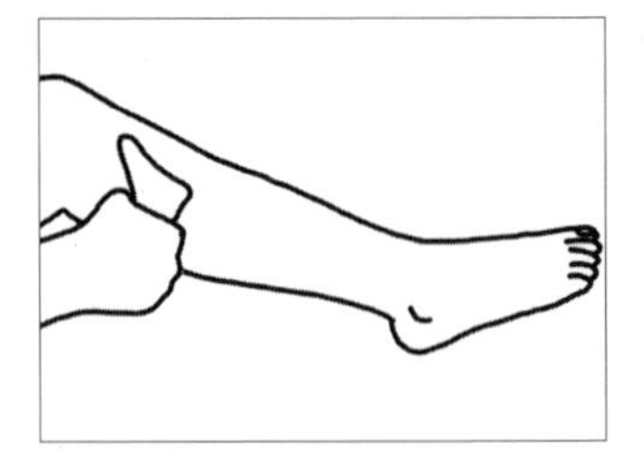

8_1 7번 관리 내용을 바깥 발목 위치까지 이어서 깊게 훑어준다.

하비 탈출

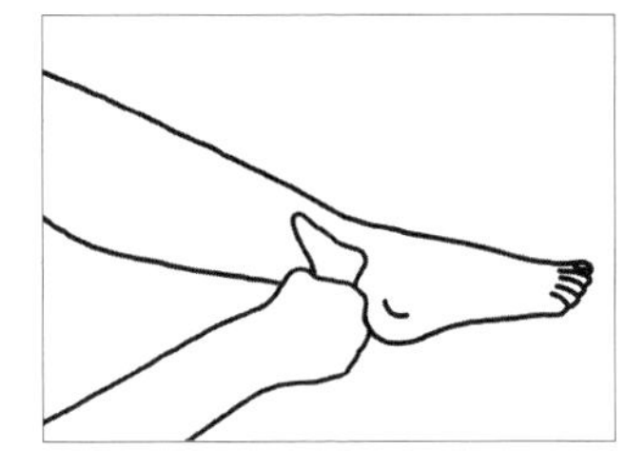

9_1 1번 그림의 자리까지 온다.

9_2 역시 기구의 면적 부분으로 깊게 열어준다.

9_3 같은 동작을 5회 반복한다. 호흡과 함께해주면 좋다.

바깥 발목 라인과 바깥 종아리 라인의 연결 관리가 마무리되었다.

휜 다리'O'다리, 'X'다리) 체형이라면, 종아리 라인 바깥으로

부종이 많이 생길 수 있다. 하체의 무게중심이 올바른 방향을

잃어버리고, 근막의 회로도 꼬여버리기 때문이다.

휜 다리 체형의 문제점이 보인다면, 체형교정, 골반교정, 오다리 교정,

엑스다리 교정 등 교정 관리가 필요하겠다.

하지만, 지금보다 더 나빠지지 않도록 관리할 필요성이 있다.

셀프 홈 케어 방법이 비전문가에겐 어려울 수 있지만, 여러 번 반복하여 꼭 휜 다리 교정법을 정확히 익혀보자!

Day 20 근막 관리

(발목 관리+종아리 관리+무릎 관리) 기구 1편

– 휜 다리 교정에 꼭 필요한 근막 관리
– 발목 라인, 종아리 라인, 무릎 라인 만들기–기구 편

지난번에 배워보았던 셀프 홈 케어 방법을 기억하는가? 이어서 무릎 라인까지 배워 볼 것이다! 가로 면적이 3~4cm 정도 되는 기구를 준비하자!

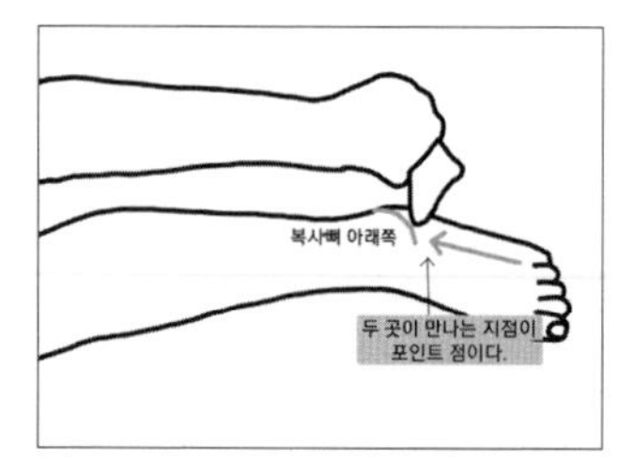

준비 자세는 다리를 세워두고 시작한다.

1_1 5번째 발가락 쪽에서 올라온 선과 바깥 복사뼈의 아랫부분이 만나는 지점을 찾는다.

1_2 찾은 자리를 깊게 열어준다.

1_3 같은 동작을 5회 반복한다. 호흡과 함께해주면 좋다.

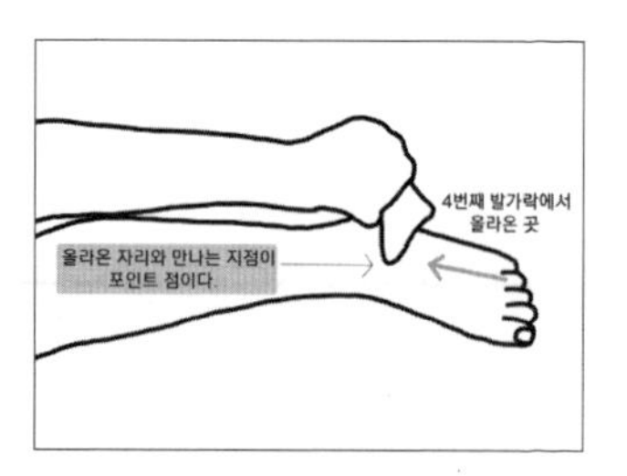

2_1 이번엔 4번째 발가락에서 올라온 지점과 바깥 복사뼈가 만나는 지점을 찾는다.

2_2 찾은 자리를 깊게 열어준다.

2_3 같은 동작을 5회 반복한다. 호흡과 함께해주면 좋다.

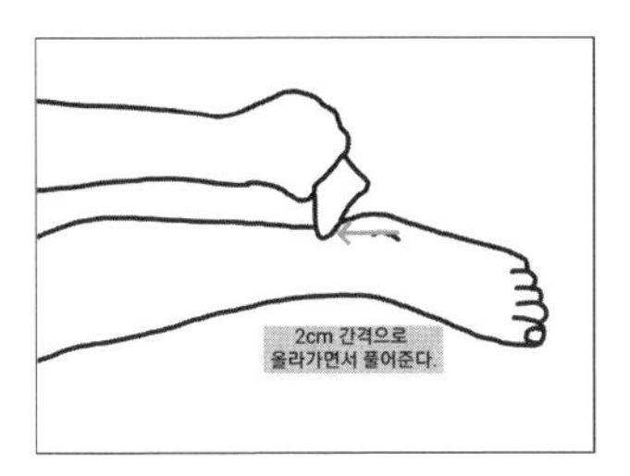

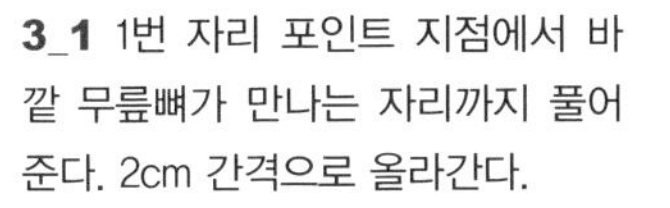

3_1 1번 자리 포인트 지점에서 바깥 무릎뼈가 만나는 자리까지 풀어준다. 2cm 간격으로 올라간다.

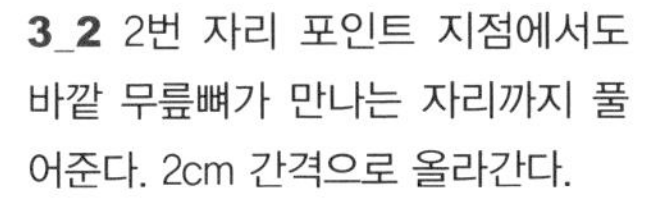

3_2 2번 자리 포인트 지점에서도 바깥 무릎뼈가 만나는 자리까지 풀어준다. 2cm 간격으로 올라간다.

3_3 기구의 면적을 이용해서 풀어주면 된다.

3_4 같은 동작을 5회 반복한다. 호흡과 함께해주면 좋다.

4_1 3번 내용을 기구의 면적을 이용해서 계속해서 이어준다.

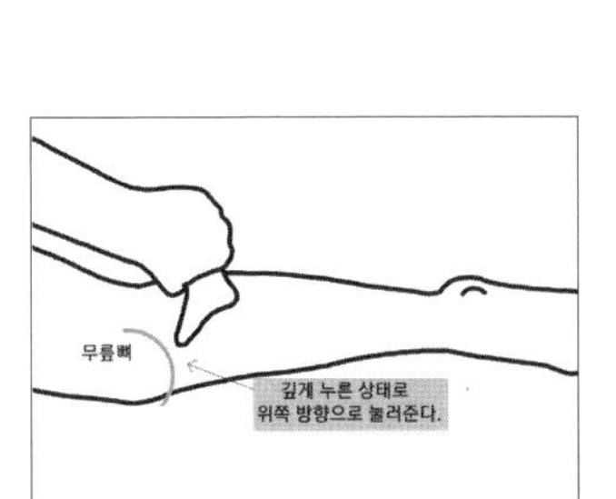

5_1 바깥 무릎뼈의 아랫부분을 찾는다.

5_2 찾은 자리를 기구의 면적을 이용해서 위쪽을 향해 깊게 열어준다.

5_3 같은 동작을 5회 반복한다.

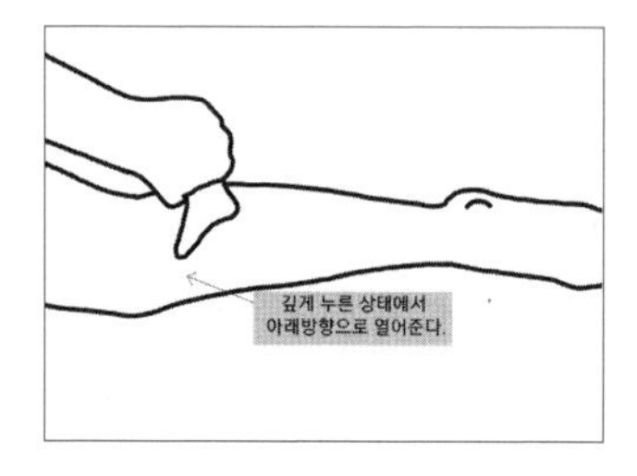

6_1 5번 자리를 이번엔 아래 방향으로 깊게 열어준다.

6_2 같은 동작을 5회 반복한다.

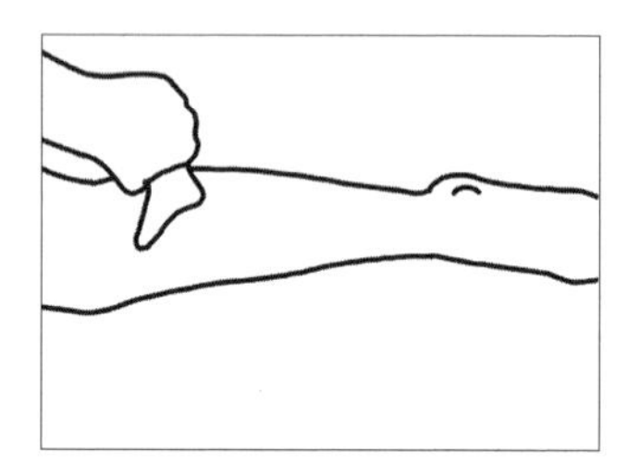

7_1 5번 자리를 이번엔 바깥 방향으로 깊게 열어준다.

7_2 같은 동작을 5회 반복한다.

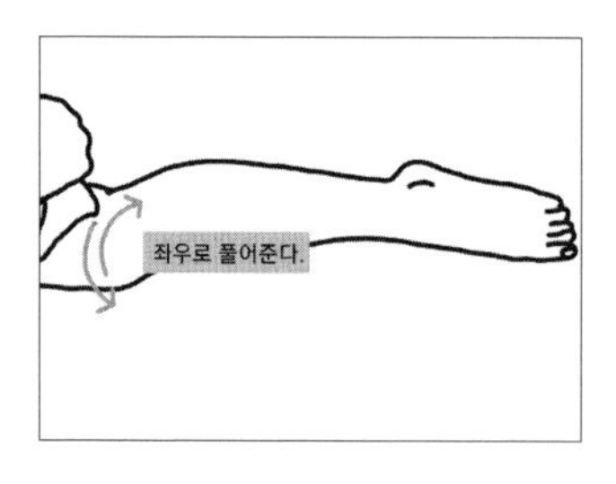

8_1 무릎의 위쪽으로 올라가면서 무릎 경계선을 풀어준다.

8_2 무릎만 남긴다는 생각으로 주변을 모두 풀어주면 된다.

8_3 같은 동작을 5회 반복한다. 호흡과 함께해주면 좋다.

하비 탈출

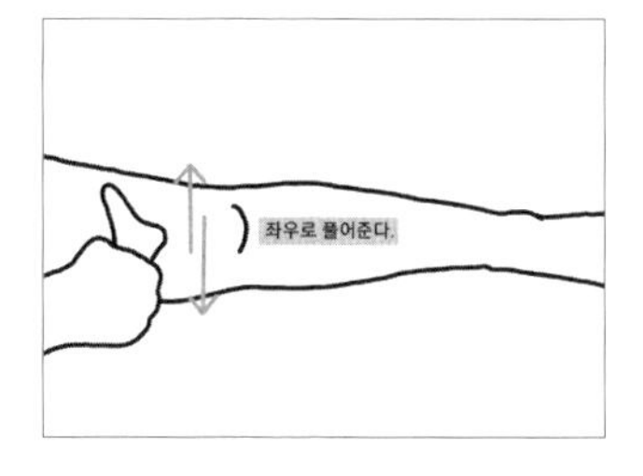

9_1 무릎뼈의 윗부분을 찾는다.

9_2 기구의 면적을 이용해서 좌우로 풀어준다.

9_3 같은 동작을 5회 반복한다. 호흡과 함께해주면 좋다.

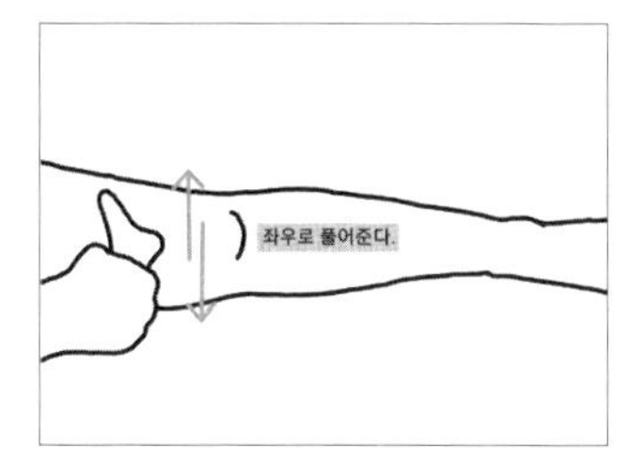

10_1 9번 자리를 이번엔 깊게 열어준다.

10_2 같은 동작을 5회 반복한다. 호흡과 함께해주면 좋다.

그동안 부분적으로 나눠서 관리해왔던 방법들이라

훨씬 수월했을 거라 생각된다!

자신도 모르는 사이에 “little 전문가”가 되어갈 것이다.

Day 21 근막 관리

(발 관리, 발 부종 빼기) 기구 편

– 발만 관리해도 온몸이 가벼워진다.
– 휜 다리 교정에 꼭 필요한 근막 관리
– 발 관리, 발 부종 빼기 – 기구 편

이번에는 발 관리를 할 것이다! 발만 순환이 잘 되어도 가벼운 다리 라인은 물론, 슬리밍 효과에도 매우 좋다. 먼저, 가로 면적이 3~4cm 되는 기구를 준비하자!

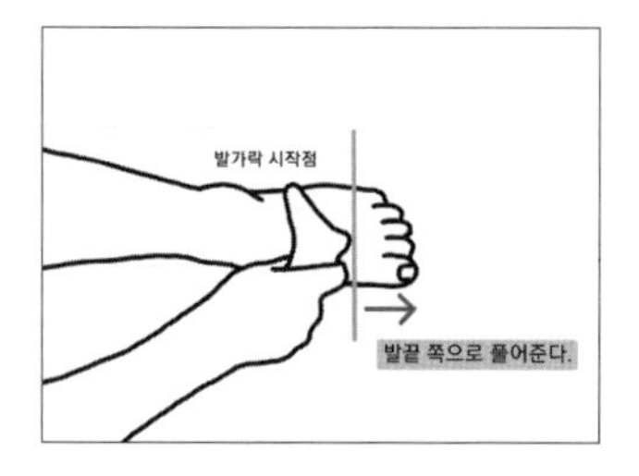

준비 자세는 발바닥 전체가 바닥에 닿도록 한다.

1_1 발가락 1지부터 5지까지 기구의 면적을 이용해서 풀어준다.

1_2 발가락 시작점 부분을 풀어주면 된다.

1_3 발끝을 방향으로 풀어주면 된다. 예를 들어 1~3지, 2~4지, 3~5지 등분을 나눠서 풀어주어도 좋다.

1_4 같은 동작을 5회 반복한다. 호흡과 함께해주면 좋다.

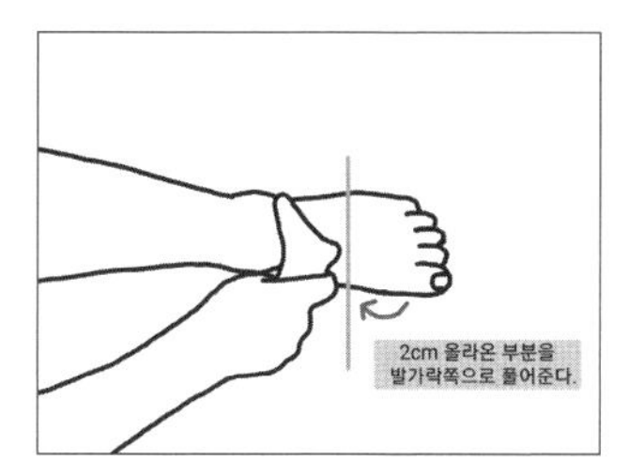

2_1 1번 자리에서 약 2cm 위로 올라온 지점을 찾는다.

2_2 발등 풀기의 포인트 점이다.

2_3 찾은 곳을 발가락 방향으로 풀어준다.

2_4 기구의 면적을 이용해서 풀어주되, 1번 관리 내용처럼 등분을 나눠서 풀어주어도 좋다.

2_5 같은 동작을 5회 반복한다. 호흡과 함께해주면 좋다.

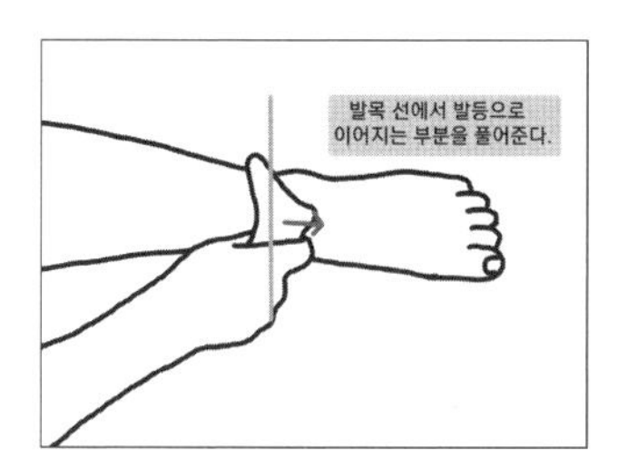

3_1 발목에서 발등으로 연결되는 시작점을 찾는다.

3_2 기구의 면적을 이용해서 풀어준다. 등분을 나눠서 풀어주어도 좋다.

3_3 같은 동작을 5회 반복한다. 호흡과 함께해주면 좋다.

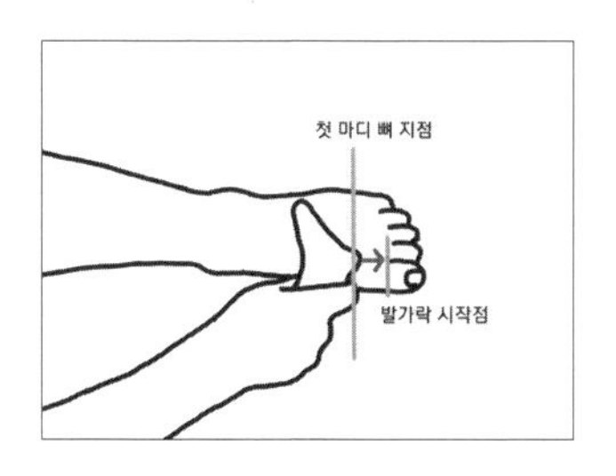

4_1 발가락 1지 와 2지 사이의 첫 마디 뼈에서 시작 선까지 열어준다.

4_2 기구의 모서리를 이용해서 열어준다.

4_3 같은 동작을 5회 반복한다. 호흡과 함께해주면 좋다.

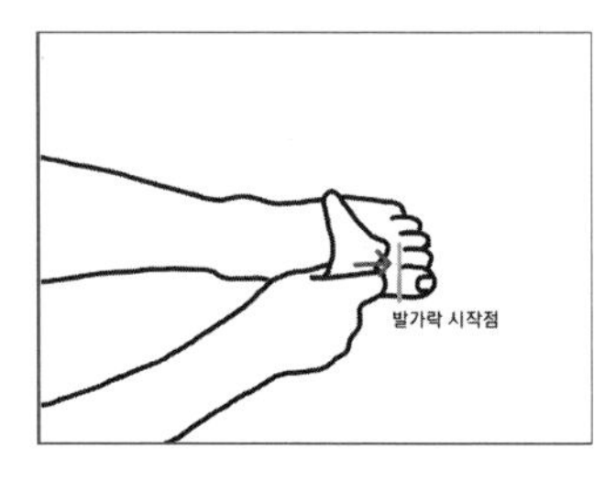

5_1 발가락 2지와 3지 사이의 첫마디 뼈에서 시작 선까지 열어준다.

5_2 기구의 모서리를 이용해서 열어준다.

5_3 같은 동작을 5회 반복한다. 호흡과 함께해주면 좋다.

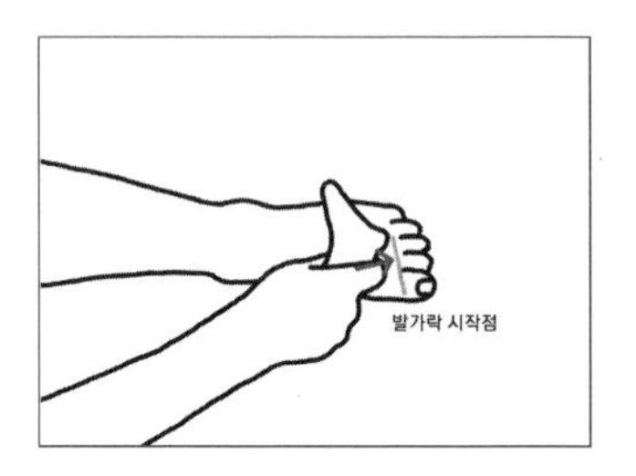

6_1 발가락 3지와 4지 사이의 첫마디 뼈에서 시작 선까지 열어준다.

6_2 기구의 모서리를 이용해서 열어준다.

6_3 같은 동작을 5회 반복한다. 호흡과 함께해주면 좋다.

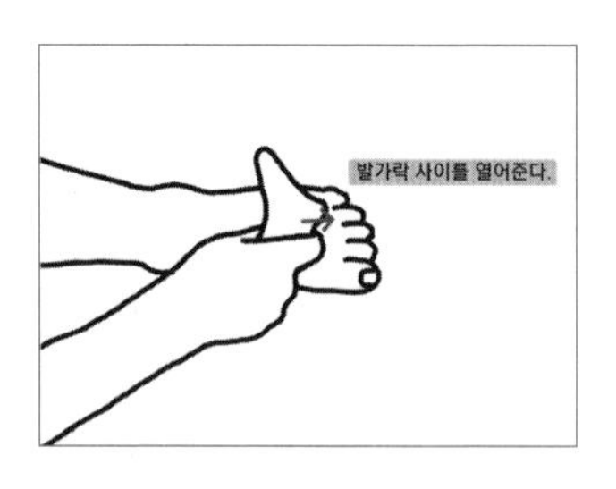

7_1 발가락 4지와 5지 사이의 첫마디 뼈에서 시작 선까지 열어준다.

7_2 기구의 모서리를 이용해서 열어준다.

7_3 같은 동작을 5회 반복한다. 호흡과 함께해주면 좋다.

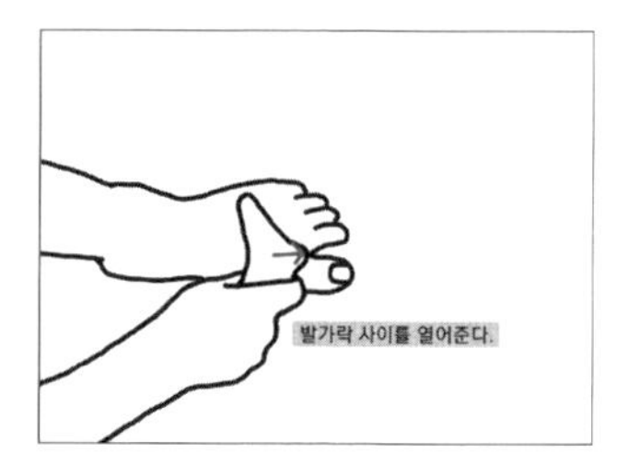

8_1 이번엔 발가락 1지와 2지 사이의 시작점에서 발가락 끝까지 열어준다. 사이의 물갈퀴 부분을 관리하면 된다.

8_2 기구의 모서리 부분을 이용해 열어준다.

8_3 같은 동작을 5회 반복한다. 호흡과 함께해주면 좋다.

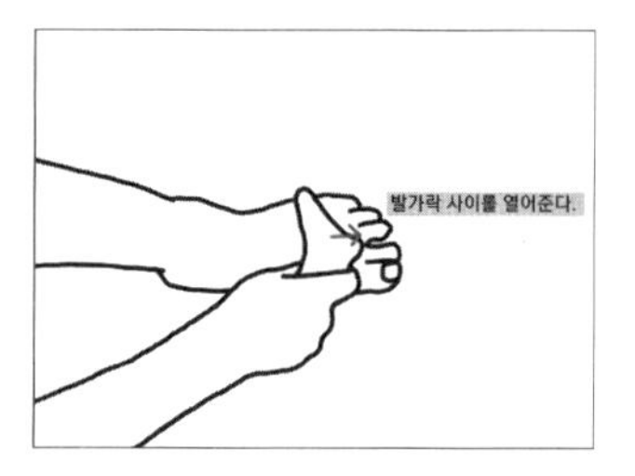

9_1 발가락 2지와 3지 사이의 시작점에서 발가락 끝까지 열어준다. 사이의 물갈퀴 부분을 관리하면 된다.

9_2 기구의 모서리 부분을 이용해 열어준다.

9_3 같은 동작을 5회 반복한다. 호흡과 함께해주면 좋다.

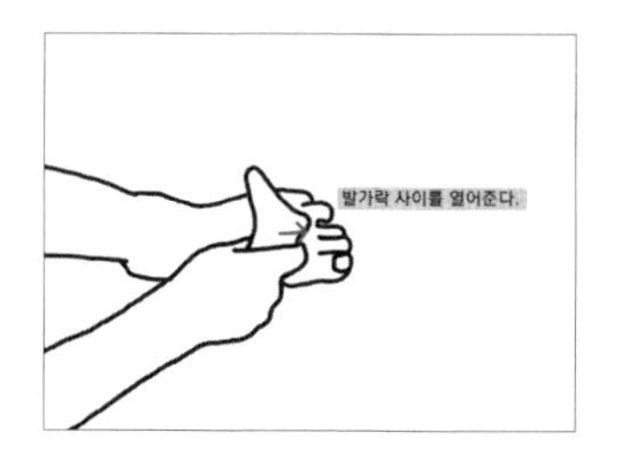

10_1 발가락 3지와 4지 사이의 시작점에서 발가락 끝까지 열어준다. 사이의 물갈퀴 부분을 관리하면 된다.

10_2 기구를 세워서 면적을 이용해 풀어줘도 좋다.

10_3 같은 동작을 5회 반복한다. 호흡과 함께해주면 좋다.

하비 탈출

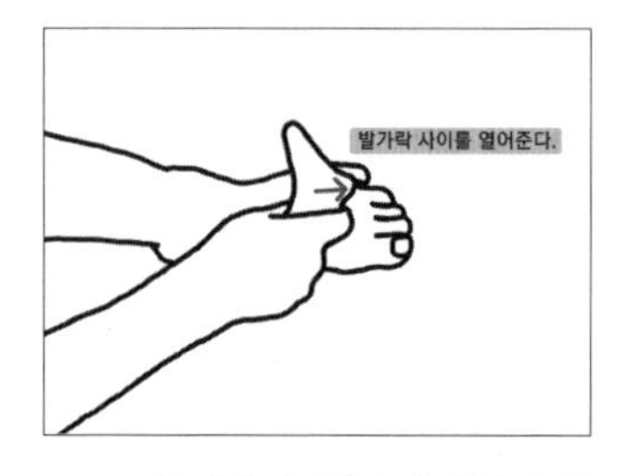

11_1 발가락 4지와 5지 사이의 시작점에서 발가락 끝까지 열어준다. 사이의 물갈퀴 부분을 관리하면 된다.

11_2 기구를 세워서 면적을 이용해 풀어줘도 좋다.

11_3 같은 동작을 5회 반복한다. 호흡과 함께해주면 좋다.

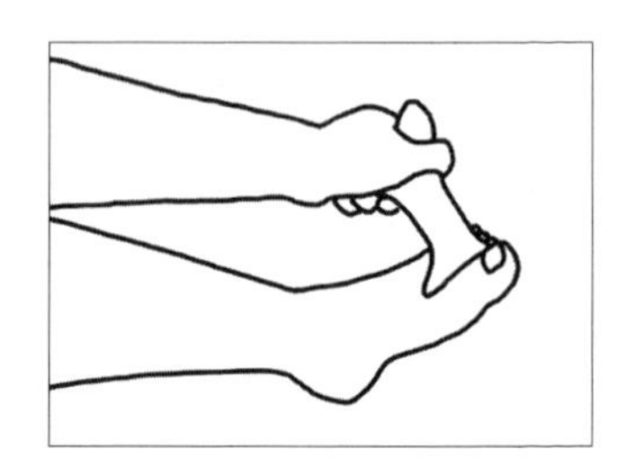

12_1 발가락 1지부터 5지까지 사이사이를 다시 전체적으로 훑어준다.

12_2 기구를 세워서 면적을 이용해 훑어준다.

12_3 같은 동작을 5회 반복한다. 호흡과 함께해주면 좋다.

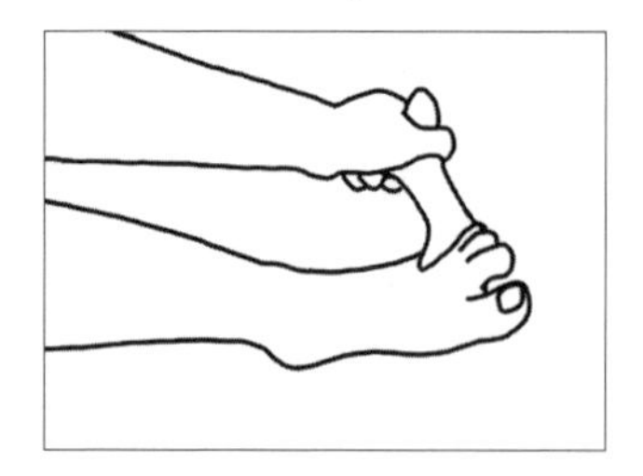

13_1 12번 관리 내용을 이어준다.

하비 탈출

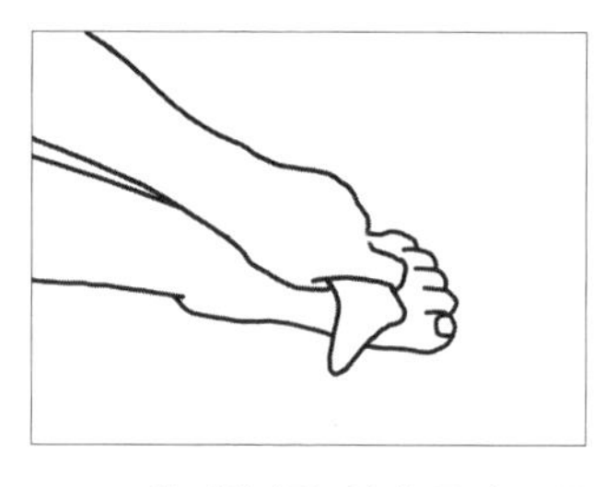

14_1 엄지발가락 위의 중간 주름 부분을 찾는다.

14_2 기구의 1~2cm 면적을 이용해서 풀어준다.

14_3 같은 동작을 5회 반복한다. 호흡과 함께해주면 좋다.

*자주 풀어주면, 무지 외반증에도 좋다.

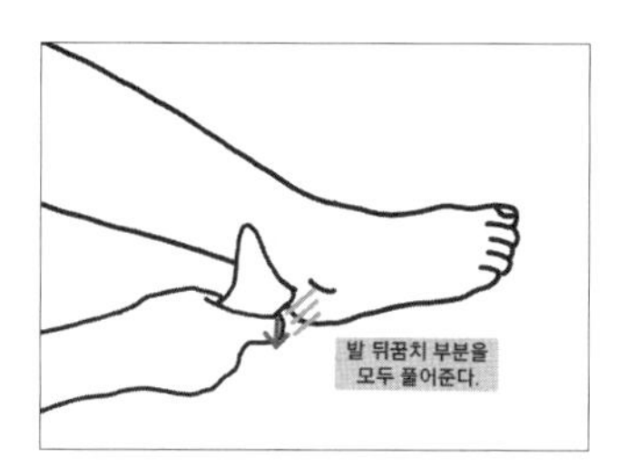

15_1 발바닥을 모두 바닥에 두고, 다리를 세워준다.

15_2 기구의 면적을 이용해서 발뒤꿈치 부분을 모두 풀어준다.

15_3 같은 동작을 5회 반복한다. 호흡과 함께해주면 좋다.

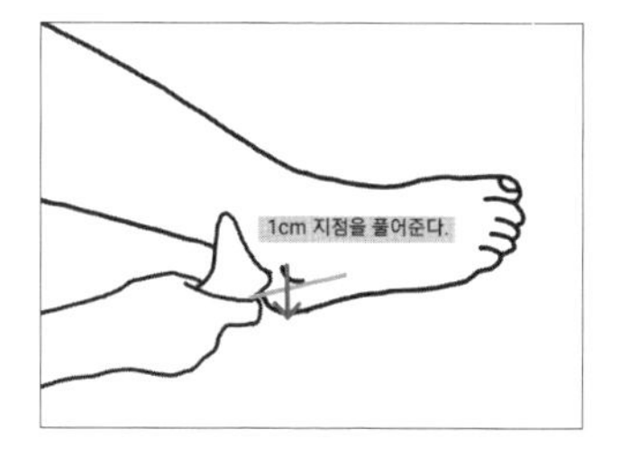

16_1 발뒤꿈치 바닥에서 위로 1cm 위치를 찾는다.

16_2 찾은 자리를 기구의 면적을 이용해서 깊게 열어준다.

16_3 기구의 면적을 발뒤꿈치에 대고 앞쪽으로 열어주면 된다.

16_4 같은 동작을 5회 반복한다. 호흡과 함께해주면 좋다.

하비 탈출

하루 종일 내 몸을 지탱해주는 발!

이 작은 발이 내 육중한 몸을 하루 종일 이끌고 다니기 때문에

보통 문제가 많은 곳이 아니다.

발 관리는 항상 관심을 갖고 풀어주면 좋다.

배운 관리 방법을 매일매일 따라 한다면,

하체 살빼기에도 도움이 많이 될 것이다!!

Day 22	근막 관리 (발목 관리+종아리 관리+무릎 관리) 기구 2편

Day 22 근막 관리

(발목 관리+종아리 관리+무릎 관리) 기구 2편

– 휜 다리 교정에 꼭 필요한 근막 관리

– (안쪽 편) 발목 관리, 종아리 관리, 무릎 관리–기구 편

이번에는 발목부터 종아리 라인, 무릎 부종까지 할 것이다. 다리 관리 중 안쪽부터 진행한다. 둥그런 기구를 찾아보자! 예를 들어 소주잔, 도자기 그릇, 종지 등 둥글한 물건을 준비하자.

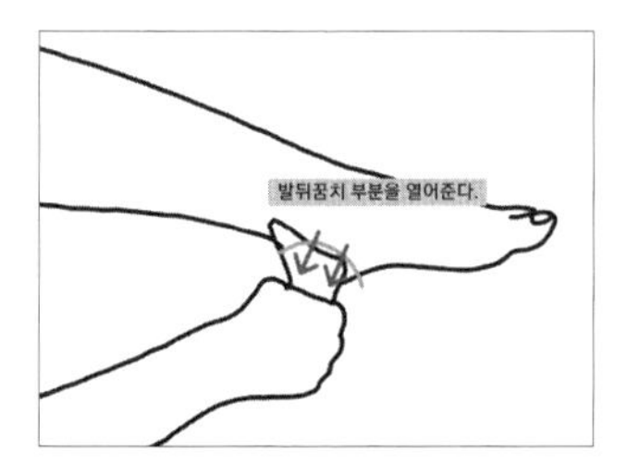

준비 자세는 다리를 안쪽으로 접어 두고 시작한다.

1_1 발뒤꿈치를 기구를 이용해 지긋이 열어준다.

1_2 방향을 발뒤꿈치 쪽으로 열어주면 된다.

1_3 같은 동작을 5회 반복한다. 호흡과 함께해주면 좋다.

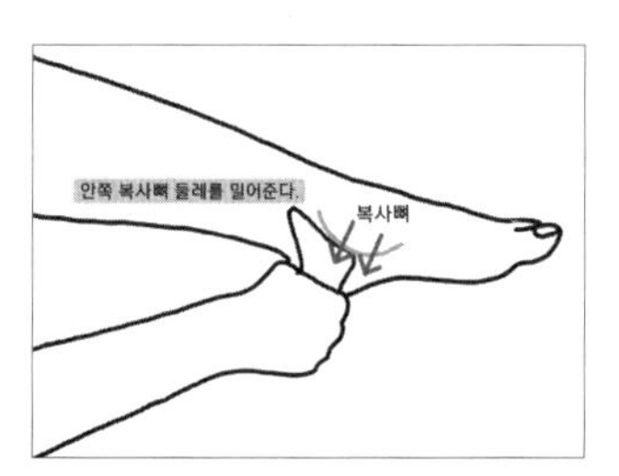

2_1 복사뼈 안쪽 둘레를 찾는다.

2_2 찾은 곳을 기구를 이용해 지긋이 밀어준다.

2_3 같은 동작을 5회 반복한다. 호흡과 함께해주면 좋다.

하비 탈출

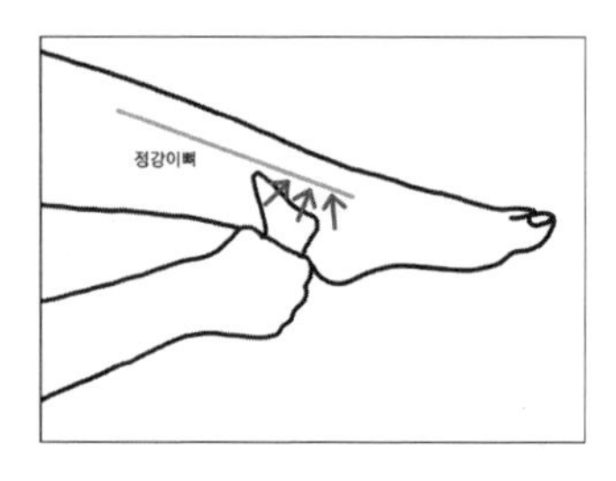

3_1 다시 발뒤꿈치에서 안쪽 복사뼈, 발목, 정강이뼈까지 이어지는 라인을 찾는다.

3_2 찾은 곳을 기구를 이용해 지긋이 밀어주며 올라간다.

3_3 1cm 간격으로 올라가며 관리해준다. 간격이 겹쳐도 무관하다.

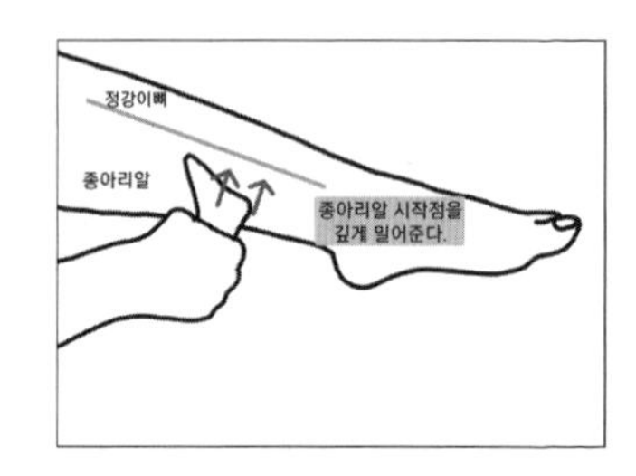

4_1 3번 관리를 이어서 종아리 알 시작점까지 올라가 준다.

4_2 역시 정강이뼈 쪽으로 지긋이 밀어주면 된다.

4_3 같은 동작을 5회 반복한다. 호흡과 함께해주면 좋다.

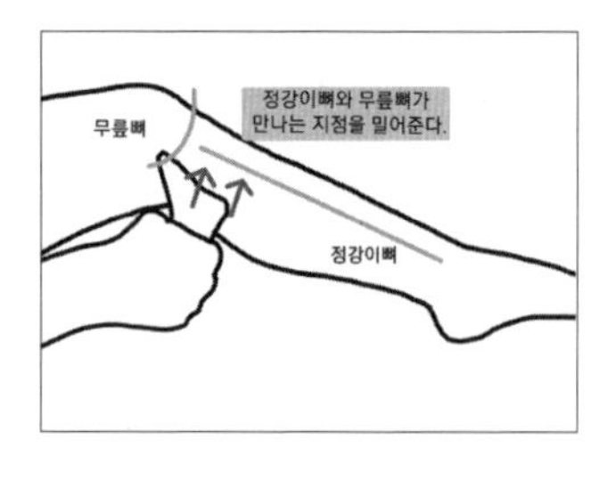

5_1 안쪽 무릎뼈와 정강이뼈가 만나는 지점을 찾는다.

5_2 찾은 자리를 지긋이 밀어준다.

5_3 같은 동작을 5회 반복한다. 호흡과 함께해주면 좋다.

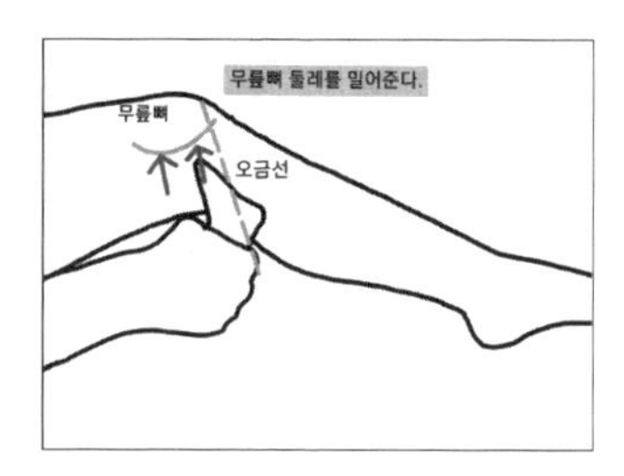

6_1 무릎 뒤쪽 오금에서 올라오는 선과 무릎뼈가 만나는 둘레를 찾는다.

6_2 무릎뼈 쪽으로 지긋이 밀어준다.

6_3 같은 동작을 5회 반복한다. 호흡과 함께해주면 좋다.

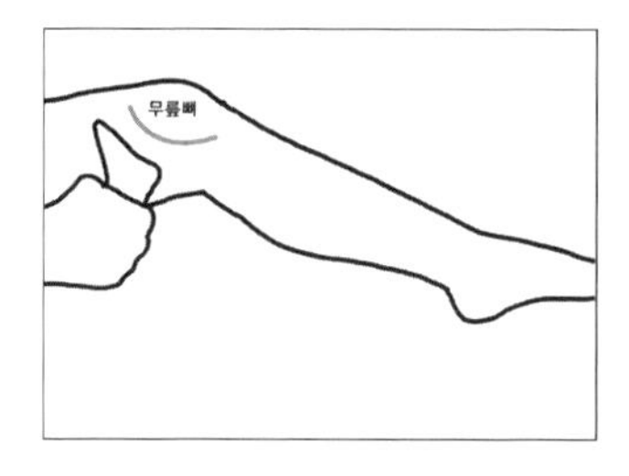

7_1 6번 자리에서 2cm 바깥 부분을 찾는다.

7_2 무릎뼈 쪽으로 무릎 둘레 모두 풀어준다.

7_3 같은 동작을 5회 반복한다. 호흡과 함께해주면 좋다.

휜 다리 체형은 안쪽 발, 발목,

종아리 라인의 수축 정도가 굉장히 심한 편이다.

근막 관리를 통해 이완시켜주고, 근력을 키워준다면,

휜 다리 교정에 굉장히 큰 도움이 될 것이다!

Secret 6

시선 강탈 종아리 만들기

Day 23 근막 관리

종아리 라인 만들기(1)

이번에 할 관리는 무릎 부종 빼기부터 시작해서 종아리 라인, 발목 관리, 발 관리까지 근막을 이어서 근막 이완 관리를 할 것이다.

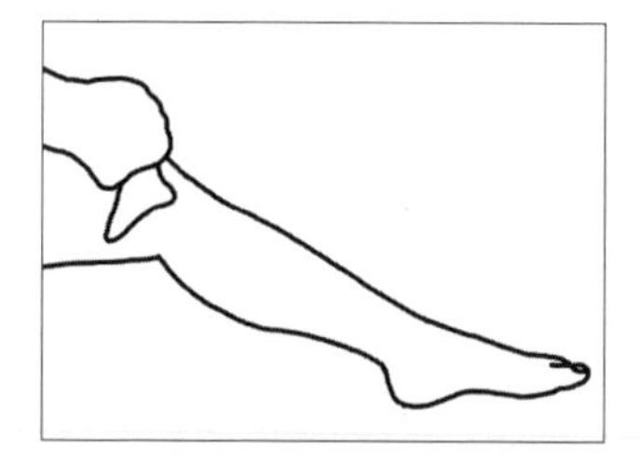

먼저, 바닥에 다리를 90도 정도로 접어두고 시작한다.

1_1 무릎의 원을 시계라고 생각하자.

1_2 1시 방향부터 3시 방향 사이를 무릎 방향으로 풀어준다.

1_3 '우득우득' 걸리는 부분을 더 집중해서 풀어준다.

1_4 같은 동작을 5회 반복한다. 호흡과 함께해주면 좋다.

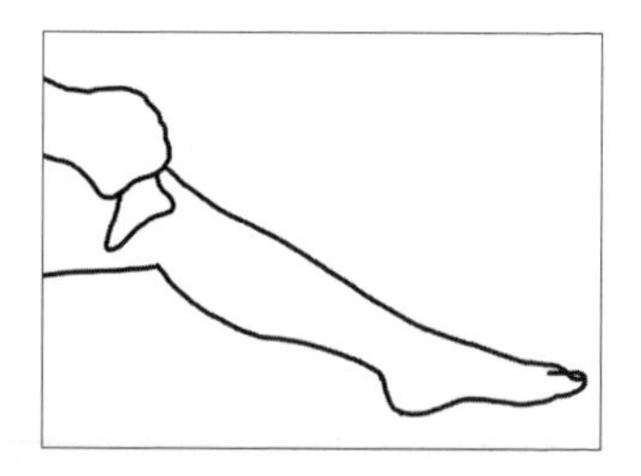

2_1 다시 1번 관리 자리를 찾는다.

2_2 이번엔 기구를 무릎에 데고, 떼지 않은 상태로 작은 원을 굴리며 무릎 방향으로 풀어준다.

2_3 같은 동작을 5회 반복한다. 호흡과 함께해주면 좋다.

시선 강탈
종아리

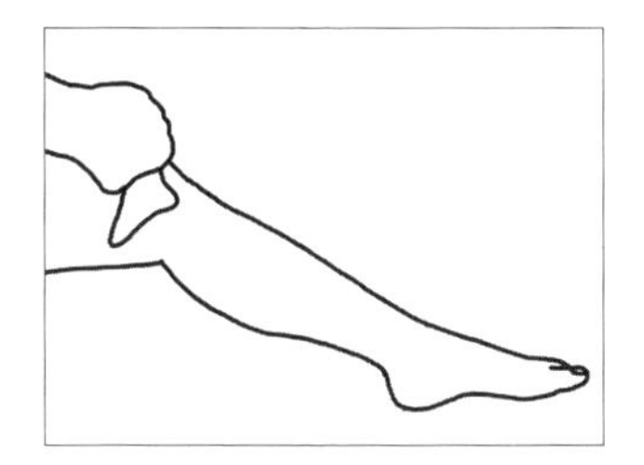

3_1 이번엔 다리를 세워두고, 무릎의 형태를 크게 그려본 후 둘레를 풀어낸다.

3_2 기구를 데고 있는 상태에서 아래, 위로 흔들어주어도 좋다. 속도는 느리게도, 빠르게도 해준다.

3_3 같은 동작을 5회 반복한다. 호흡과 함께해주면 좋다.

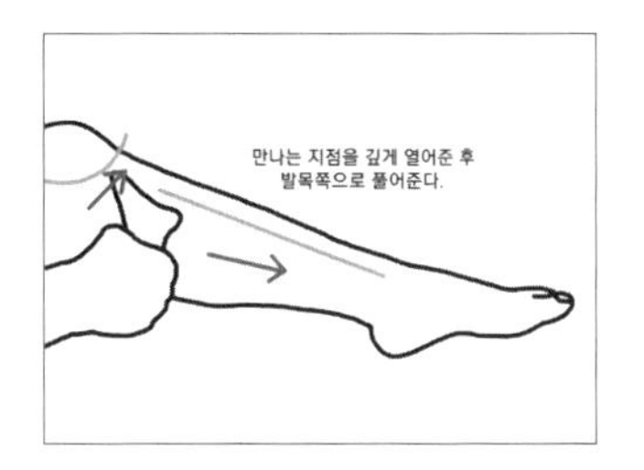

4_1 앞 무릎뼈와 정강이뼈가 연결되는 부분을 찾는다.

4_2 연결되는 부분은 집중적으로 열어준 후, 발목 쪽으로 내려가면서 풀어준다.

4_3 같은 동작을 5회 반복한다. 호흡과 함께해주면 좋다.

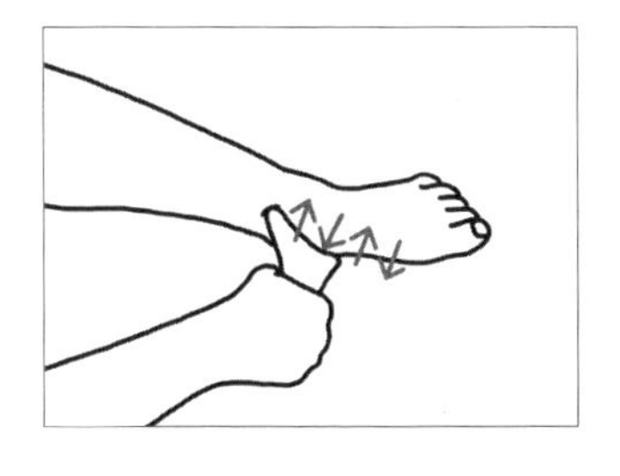

5_1 발목과 종아리 연결선을 깊게 열어준다.

5_2 '우득우득' 걸리는 느낌이 느껴질 것이다. 아래, 위로 이동하면서 풀어주어도 좋다.

5_3 같은 동작을 5회 반복한다. 호흡과 함께해주면 좋다.

시선 강탈
종아리

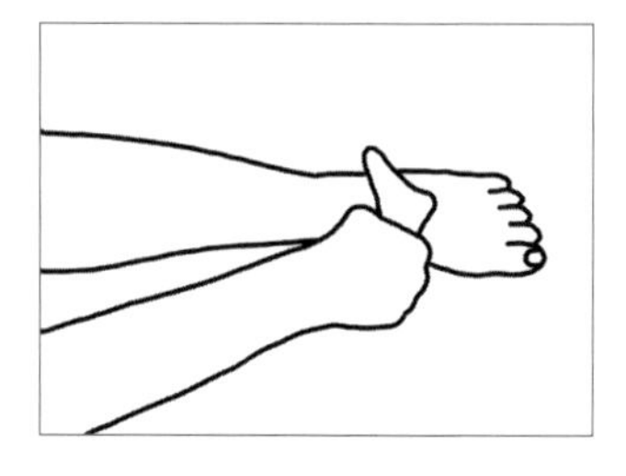

6_1 발등 중 제일 높은 곳을 풀어준다.

6_2 '우득우득' 걸리는 느낌이 느껴지면서, 소리도 날 수 있다.

6_3 아래, 위로 움직이면서 관리해주어도 좋다.

6_4 같은 동작을 5회 반복한다. 호흡과 함께해주면 좋다.

그동안 계속해서 관리해왔던 부분들이라

근막 내용이 '쏙쏙' 와 닿았을 거라 믿는다!

앞으로 종아리 라인을 나눠서 꼼꼼하게 관리해 볼 예정이다!

종아리 살빼기는 물론, 발목 통증, 무릎 통증에도 매우 효과적이다.

Day 24 근막 관리

종아리 라인 만들기(2)

종아리 라인(앞 쪽), 발목, 발 관리까지 근막을 이어서 근막 이완 관리를 할 것이다. 근막 이완 관리를 하면, 무릎, 발목, 발, 발뒤꿈치의 통증과 아킬레스건의 문제도 예방 또는 완화 시킬 수 있다!

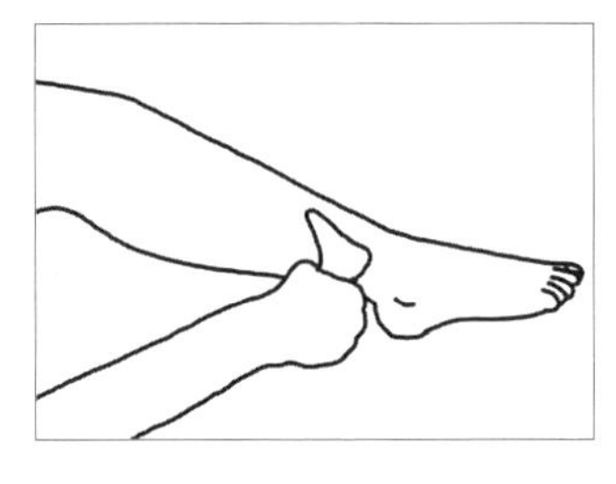

준비 자세는 다리를 바깥으로 접어 두고 시작한다.

1_1 바깥 복사뼈와 종아리뼈의 시작점을 열어준다.

1_2 같은 동작을 5회 반복한다. 호흡과 함께해주면 좋다.

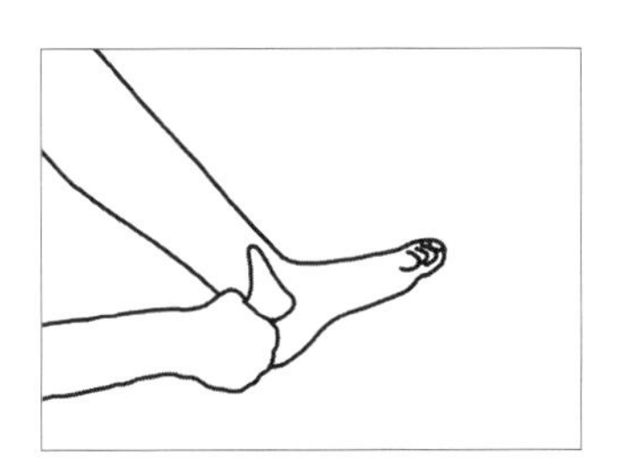

2_1 1번 자리에서 발등 쪽으로 풀어주며 연결하면 된다.

2-2. 방향은 발등 쪽으로 대각선 방향이다.

2-3. 같은 동작을 5회 반복한다. 호흡과 함께해주면 좋다.

시선 강탈
종아리

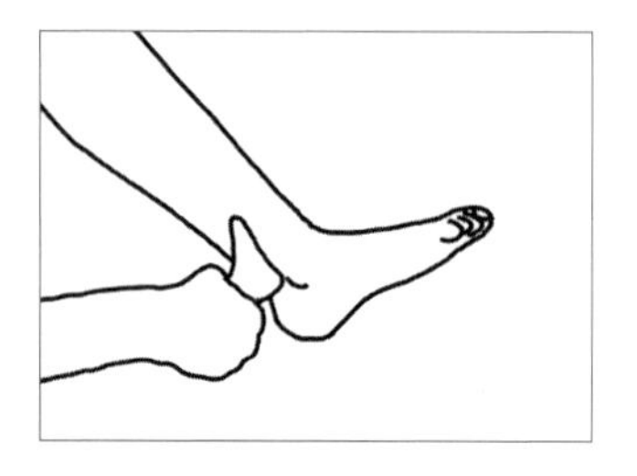

3_1 발뒤꿈치 쪽에서 바깥 복사뼈 쪽으로 밀어준다.

3_2 같은 동작을 5회 반복한다. 호흡과 함께해주면 좋다.

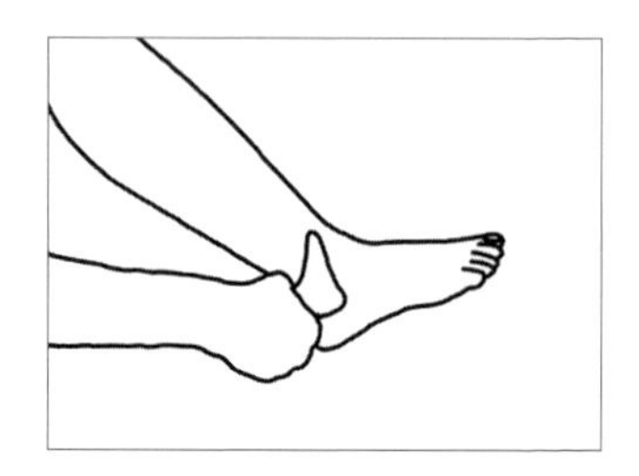

4_1 이번엔 3번 관리와 반대 방향으로 관리한다.

4_2 바깥 복사뼈에서 발뒤꿈치 방향으로 밀어준다.

4_3 같은 동작을 5회 반복한다. 호흡과 함께해주면 좋다.

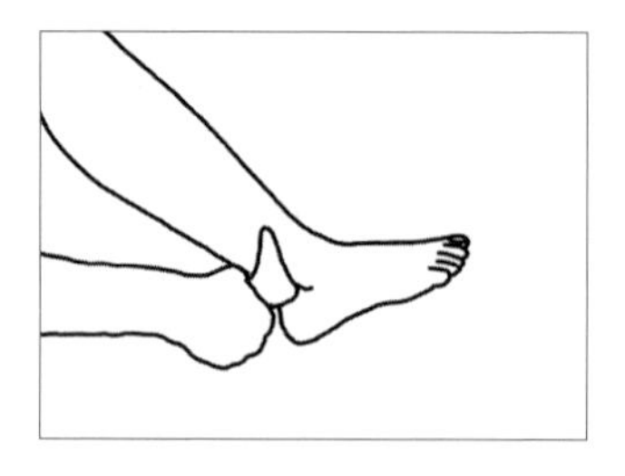

5_1 발뒤꿈치에서 아킬레스건 쪽으로 올라간다.

5_2 올라가면서 바깥 복사뼈를 안쪽으로 열어주면 된다.

5_3 같은 동작을 5회 반복한다. 호흡과 함께해주면 좋다.

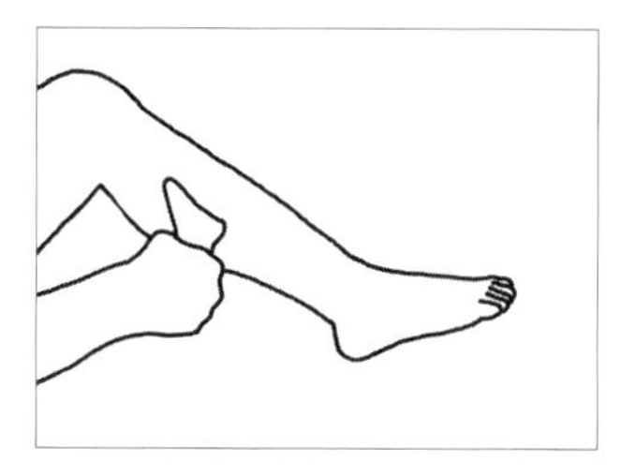

6_1 5번 위치(바깥 복사뼈)에서 2cm 위로 올라간다.

6_2 정강이뼈 쪽으로 열어주면 된다.

6_3 같은 동작을 5회 반복한다. 호흡과 함께해주면 좋다.

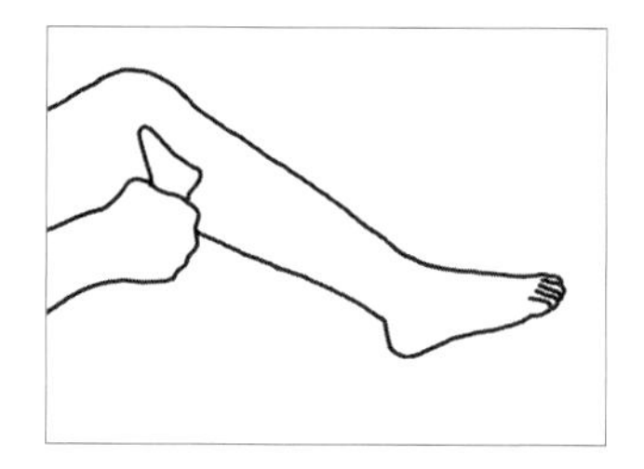

7_1 종아리 알의 시작 지점에서 정강이뼈로 밀어준다.

7_2 셀룰라이트가 느껴질 수 있는 위치이다.

7_3 같은 동작을 5회 반복한다. 호흡과 함께해주면 좋다.

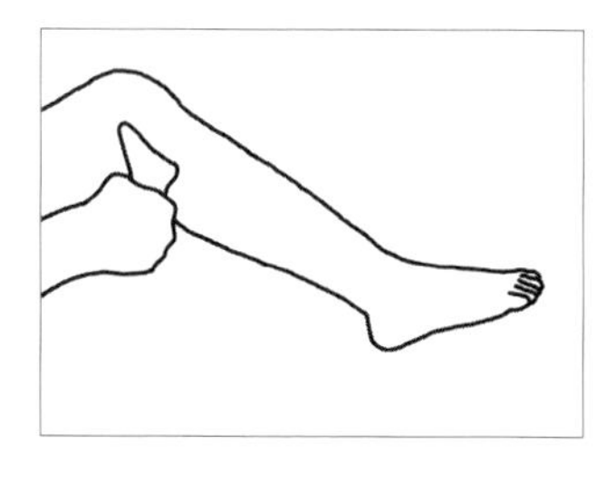

8_1 정강이뼈와 무릎 뒤 오금이 만나는 지점을 찾는다.

8_2 찾은 자리를 정강이뼈 쪽으로 깊게 열어준다.

8_3 같은 동작을 5회 반복한다. 호흡과 함께해주면 좋다.

시선 강탈
종아리

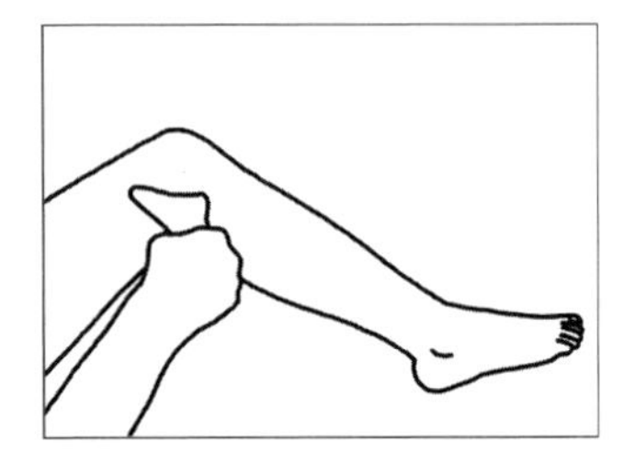

9_1 이번엔 8번 자리에서 무릎 방향으로 밀어준다.

9_2 두둑한 부분을 풀어주면 된다.

9_3 같은 동작을 5회 반복한다. 호흡과 함께해주면 좋다.

종아리는 누구나 예뻐지고 싶어 한다.

각자의 이상향은 다 다르지만, 한 가지 확실한 것은

휜 다리 교정이 필요한 체형이라면,

종아리도 아마 예쁘지는 않을 것이다.

셀프 홈 케어를 통해 모두 예쁜 다리 라인 만들어보자!

Day 25	**근막 관리** 종아리 라인 만들기(3)

근막 이완 관리! 이번에는 종아리 라인 중에서 바깥쪽 관리를 할 것이다. 바깥으로 휜 종아리는 물론, 바깥으로 두꺼운 종아리와 종아리 살 을 한방에 해결할 수 있는 근막 관리이다.

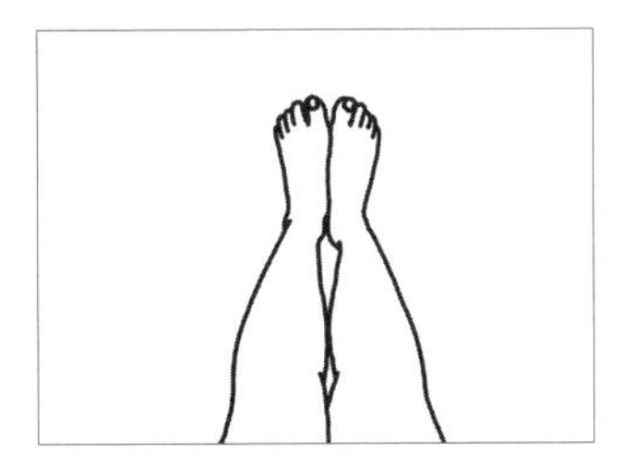

준비 자세는 다리를 쭉~ 펴둔 상태에서 시작한다.

1_1 다리를 곧게 펴고 발끝을 무릎쪽으로 당긴다.

1_2 종아리 뒤쪽, 종아리 알 당겨짐이 느껴진다면 잘 된 자세이다.

1_3 이 동작을 5회 이상 반복하면서 스트레칭을 해준다. 호흡과 함께 해주면 좋다.

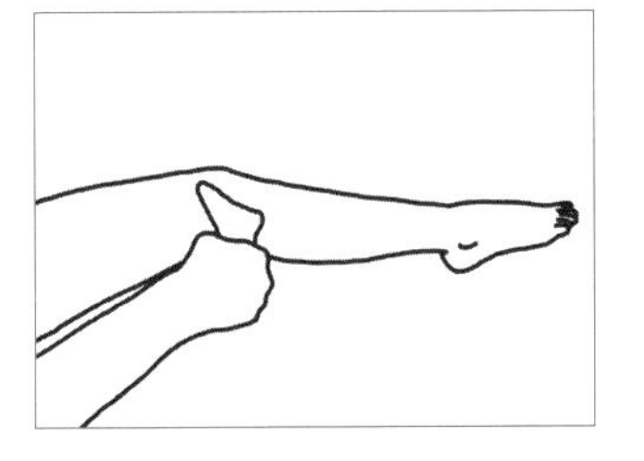

2_1 무릎 아래쪽에서 종아리와 연결되는 곳을 찾는다.

2_2 찾은 곳을 기구를 이용해 가볍게 풀어준다.

2_3 같은 동작을 5회 반복한다. 호흡과 함께해주면 좋다.

시선 강탈
종아리

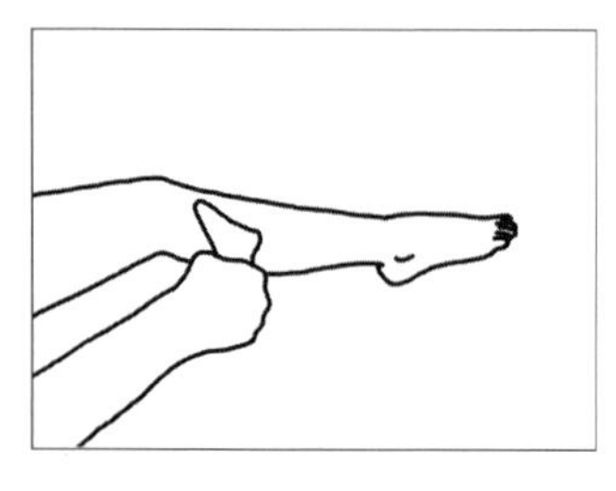

3_1 종아리 정강이뼈의 바깥 부분을 가볍게 풀어준다.

3_2 걸리는 셀룰라이트를 모두 풀어주면 된다.

3_3 같은 동작을 5회 반복한다. 호흡과 함께해주면 좋다.

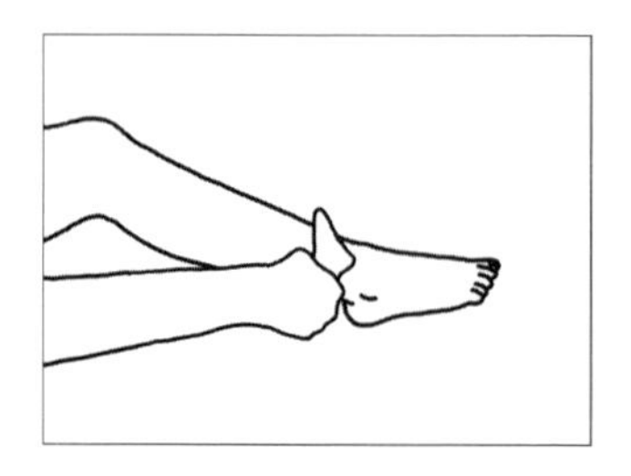

4_1 1번 관리 내용처럼 발끝을 무릎 쪽으로 당긴다.

4_2 당긴 상태에서 발목의 중간지점을 가볍게 풀어준다.

4_3 같은 동작을 5회 반복한다. 호흡과 함께해주면 좋다.

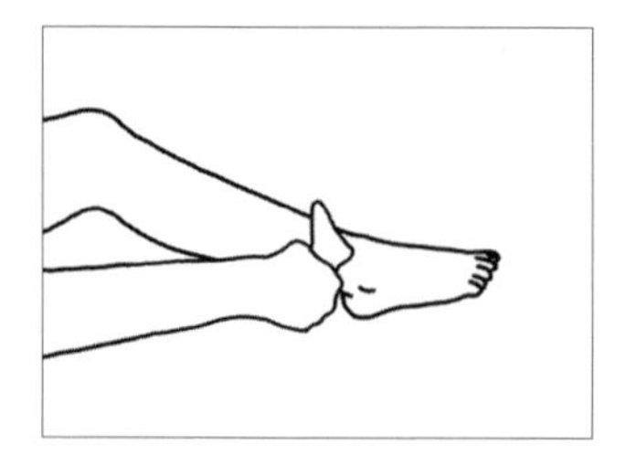

5_1 4번 관리에서 이어서 발등까지 풀어준다.

5_2 '우득우득' 거리는 셀룰라이트를 풀어주면 된다.

5_3 같은 동작을 5회 반복한다. 호흡과 함께해주면 좋다.

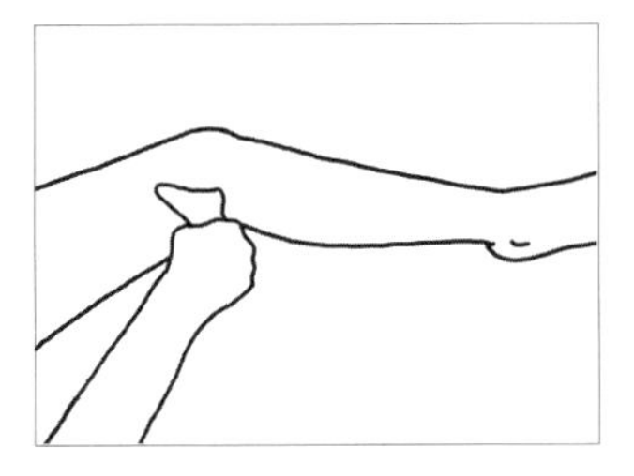

6_1 무릎 바깥쪽과 뒤 무릎에서 올라온 오금 선과 만나는 지점을 찾는다.

6_2 찾은 지점을 아래 방향으로 풀어준다(발쪽 방향).

6_3 같은 동작을 5회 반복한다. 호흡과 함께해주면 좋다.

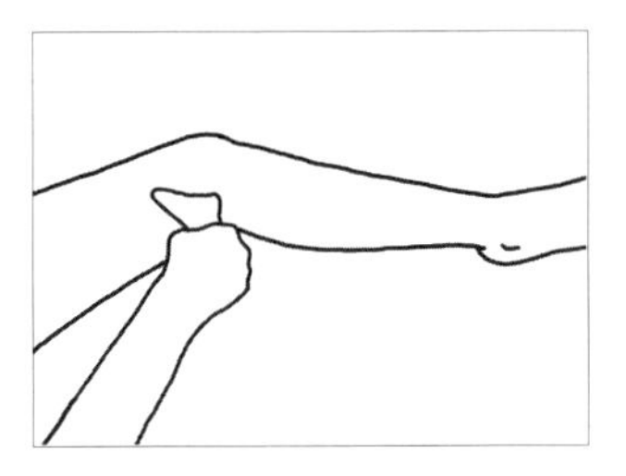

7_1 종아리 정강이뼈 바깥 부분의 시작점을 찾는다.

7_2 찾은 자리를 깊게 열어준다.

7_3 같은 동작을 5회 반복한다. 호흡과 함께해주면 좋다.

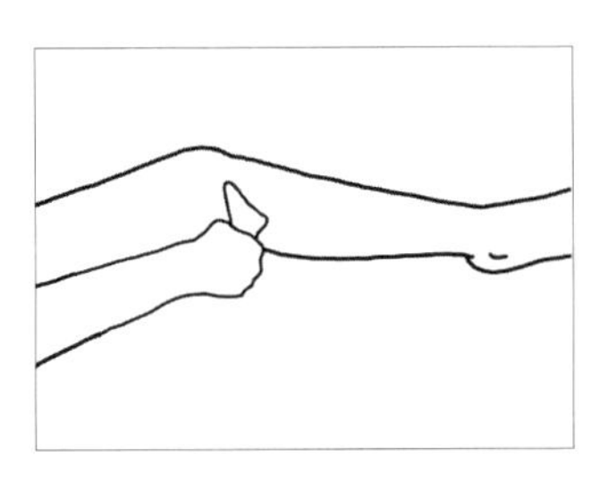

8_1 무릎 아랫부분과 종아리 정강이뼈의 연결점을 찾는다.

8_2 찾은 자리를 깊게 열어준다.

8_3 같은 동작을 5회 반복한다. 호흡과 함께해주면 좋다.

관리 후 확실히 가벼워진 종아리를 느꼈는가?

휜 다리 교정이 필요한 체형은 무게중심이 틀어져있기 때문에,

종아리 바깥쪽(휜종아리)의 문제가 더 많다고 설명한 적이 있다.

근막 이완 관리는 비교적 어렵지 않고, 아프지 않고,

간편하게 할 수 있는 근막 관리이다.

하루 2~3번 이상 꼭 따라 해보자!

Day 26 근막 관리

종아리 라인 만들기(4)

종아리 라인 만들기! 모두 잘 따라오고 있을 거라 생각한다! 종아리 라인 만들기의 마지막 시간인 뒤태 라인을 만드는 시간 이다.

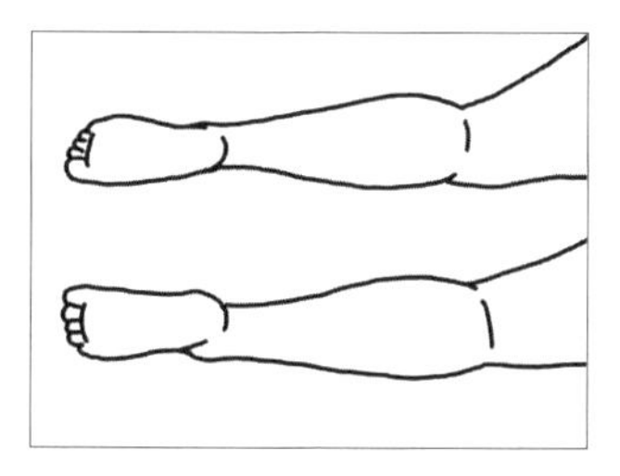

준비 자세는 무릎을 꿇은 상태에서 종아리와 엉덩이의 각도를 90도 정도로 한다! 이해가 안 된다면 그림을 참고하면 된다.

1_1 무릎을 꿇은 상태에서 종아리 앞 라인은 바닥에 완전히 닿게 한다.

1_2 엉덩이는 들어주고, 몸을 살짝 비틀어 뒤쪽에 종아리를 바라본다.

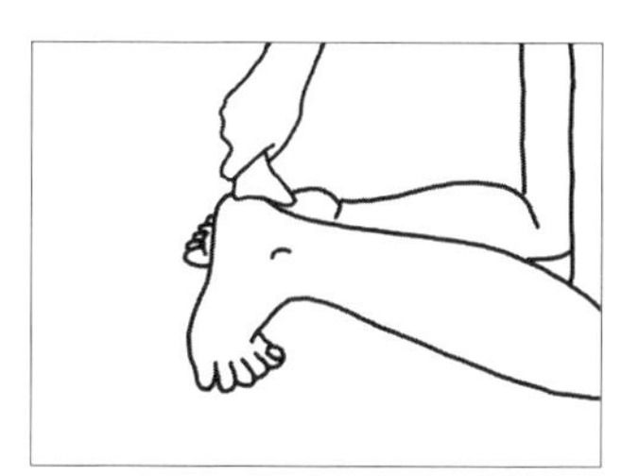

2_1 관리할 다리만 발가락을 굽혀서 세워준다(약 90도 각도).

2_2 테라핑거를 발뒤꿈치에 대고, 발가락 방향으로 지긋이 열어줄 것이다.

2_3 같은 동작을 5회 반복한다. 호흡과 함께해주면 좋다.

*만약 엉덩이를 들고 있는 자세가 불편하다면, 발과 다리의 모양은 유지하되 엉덩이만 종아리 뒤쪽으로 앉아서 진행해도 좋다.

시선 강탈
종아리

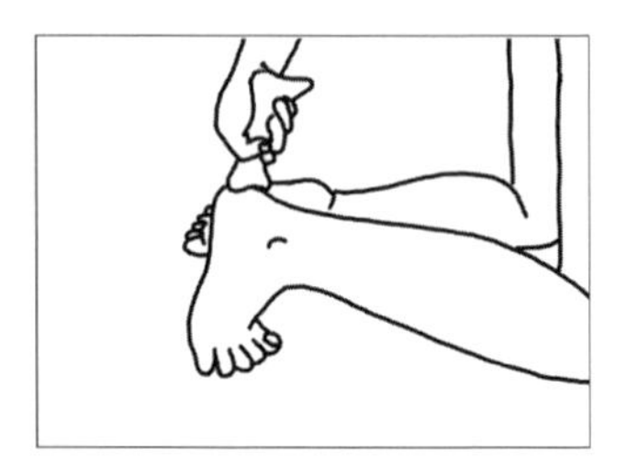

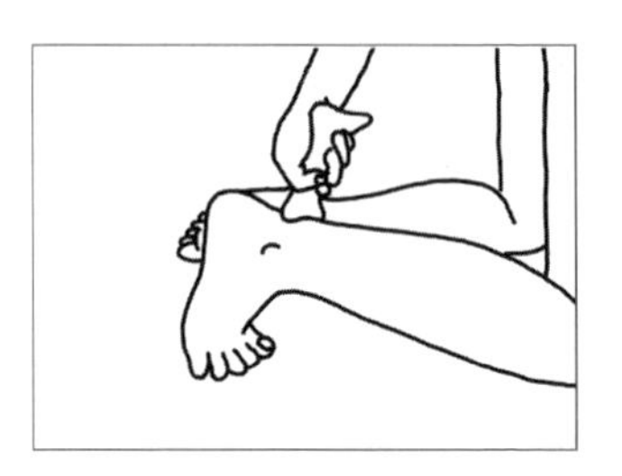

3_1 2번 관리 자리를 이번엔 소주잔의 한 면적을 이용해서 관리할 것이다.

3_2 발뒤꿈치에서 발가락 쪽으로 밀어준다.

3_3 같은 동작을 5회 반복한다. 호흡과 함께해주면 좋다.

*만약 엉덩이를 들고 있는 자세가 불편하다면, 발과 다리의 모양은 유지하되 엉덩이만 종아리 뒤쪽으로 앉아서 진행해도 좋다.

4_1 2번 관리와 3번 관리의 동작을 연결한다.

4_2 같은 동작을 5회 반복한다. 호흡과 함께해주면 좋다.

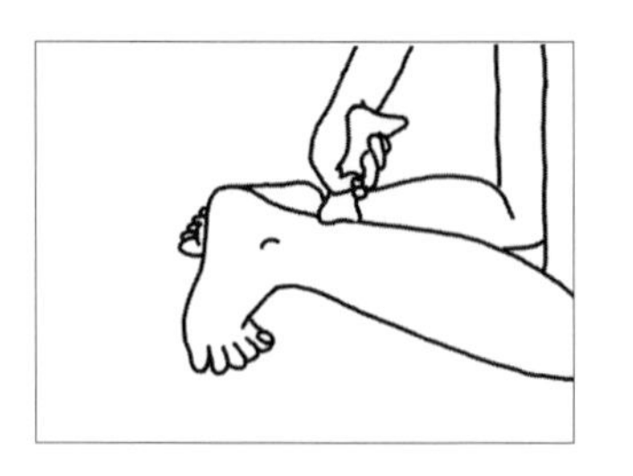

5_1 발뒤꿈치에서 아킬레스건까지 올라오면서 열어준다.

5_2 같은 동작을 5회 반복한다. 호흡과 함께해주면 좋다.

*아킬레스건 부분은 긁어주는 느낌으로 열어준다.

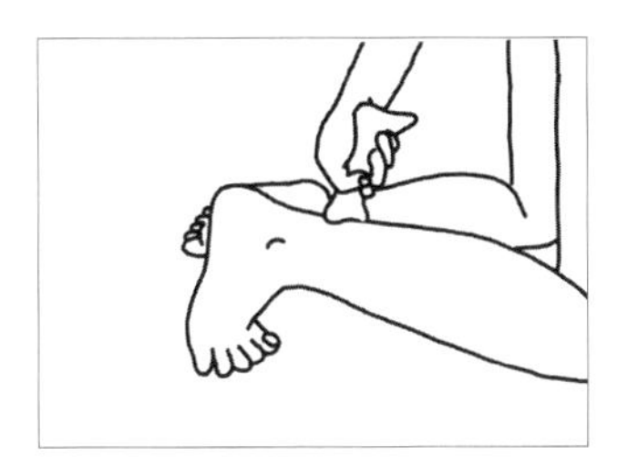

6_1 5번 관리 내용을 지나 종아리 알까지 연결해준다.

6_2 같은 동작을 5회 반복한다. 호흡과 함께해주면 좋다.

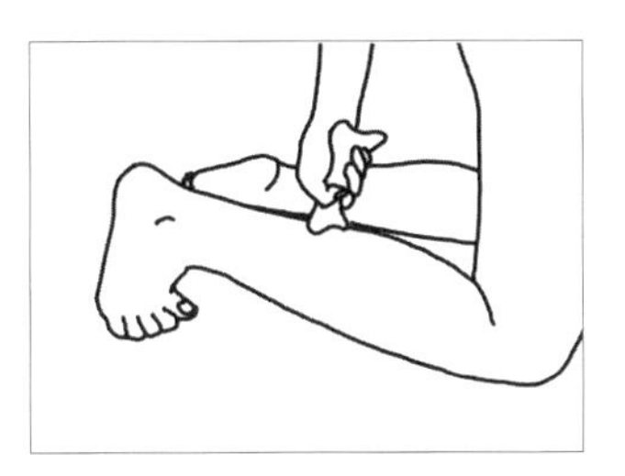

7_1 종아리 알 시작점은 기구를 멈춘 상태에서 체중을 싣고 더 깊게 열어준다.

7_2 같은 동작을 5회 반복한다. 호흡과 함께해주면 좋다.

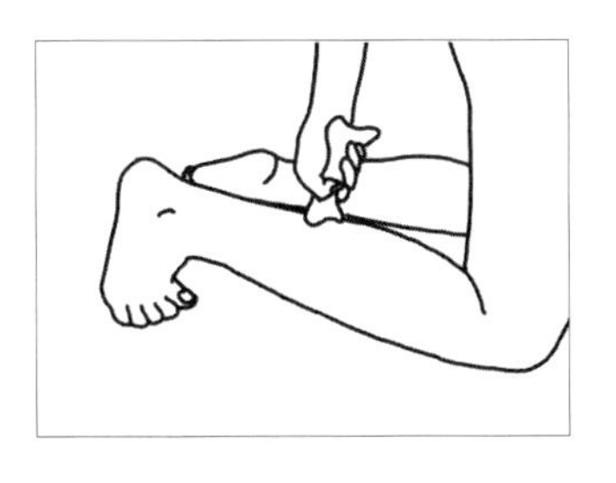

8_1 7번 관리를 이어서 오금 방향으로 올라가며 열어준다.

8_2 종아리 알 1/2 지점은 기구를 멈춘 상태에서 체중을 싣고 더 깊게 열어준다.

8_3 같은 동작을 5회 반복한다. 호흡과 함께해주면 좋다.

시선 강탈
종아리

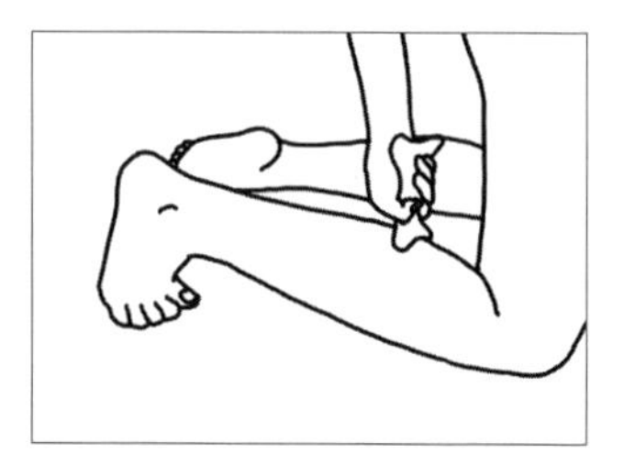

9_1 8번 관리 내용부터 오금(무릎 뒤)까지는 깊게 열어준다.

9_2 먼저, 1cm 간격으로 소주잔 기구에 체중을 싣고 깊게 열어준다.

9_3 그다음은 기구를 깊게 밀어주면서 오금까지 열어준다.

9_4 같은 동작을 5회 반복한다. 호흡과 함께해주면 좋다.

지금까지 종아리 라인을 예쁘게 만들어 보았다!

종아리 살빼기, 종아리 셀룰라이트, 휜 종아리, 종아리 통증,

종아리 부종 여러 면에서 효과를 느꼈다면,

앞으로 이어질 다른 관리도 최선을 다하길 바란다.

Day 27 근막 이완 관리

발 관리(부종, 통증)

이번에는 발 관리와 근막이완 관리를 할 것이다. 발 부종과 발 통증을 자주 느끼는 분이라면 반드시 집중해라! 다리 부종, 종아리 부종이 생기는 이유도 발에 문제가 있기 때문이다. 관리 후엔 다리 부종, 종아리 부종까지도 효과를 보고, 종아리 살빼기까지 기대해보자!

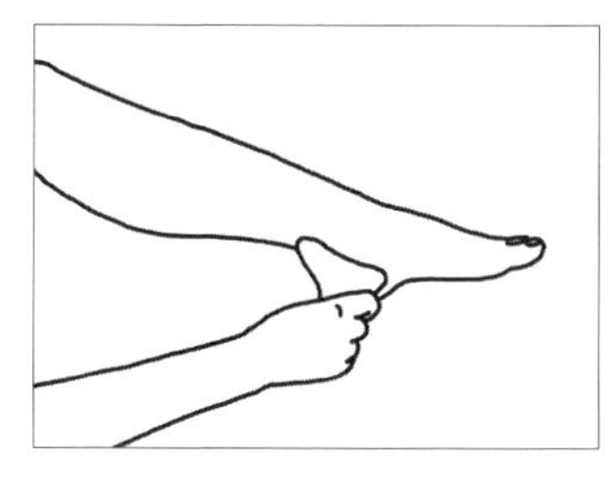

준비 자세는 다리를 90도로 접어두고 시작한다.

1_1 안쪽 발뒤꿈치를 기구를 이용해 지긋이 눌러준다.

1_2 같은 동작을 5회 이상 반복한다. 호흡과 함께해주면 좋다.

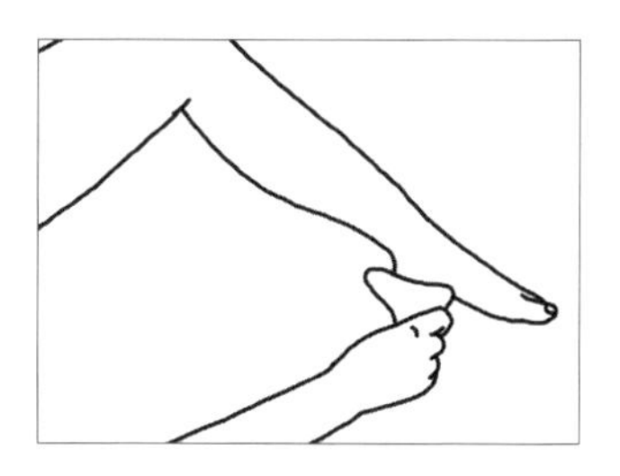

2_1 발의 아치부분을 발등 방향으로 지긋이 눌러준다.

2_2 같은 동작을 5회 이상 반복한다. 호흡과 함께해주면 좋다.

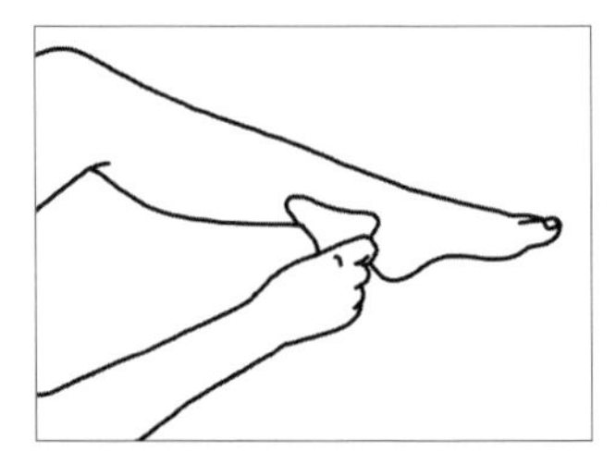

3_1 2번 자리에서 이번엔 발목 쪽으로 지긋이 눌러준다.

3_2 2번 자리, 안쪽 복사뼈 밑, 안쪽 복사뼈 위 이렇게 세 곳을 지긋이 눌러준다.

3_3 같은 동작을 5회 이상 반복한다. 호흡과 함께해주면 좋다.

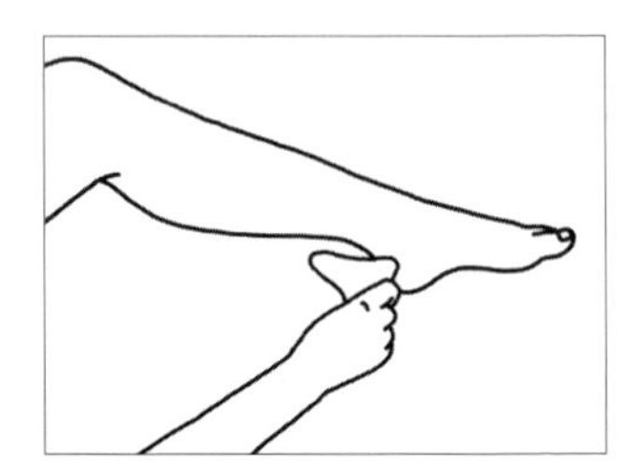

4_1 발뒤꿈치 선부터 복사뼈 선까지 올라오면서 지긋이 눌러준다.

4_2 같은 동작을 5회 이상 반복한다. 호흡과 함께해주면 좋다.

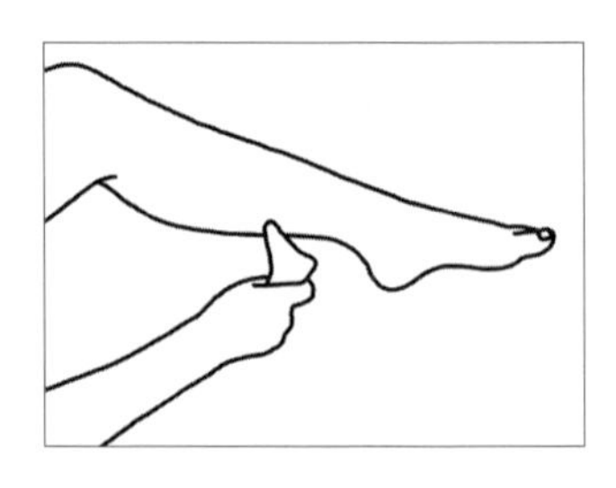

5_1 종아리 알 시작점을 찾는다.

5_2 찾은 자리를 종아리뼈 쪽으로 밀어준다.

5_3 같은 동작을 5회 이상 반복한다. 호흡과 함께해주면 좋다.

시선 강탈
종아리

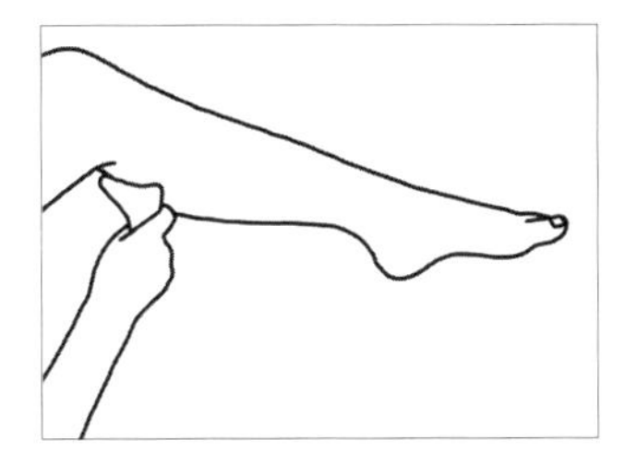

6_1 이번엔 종아리 알 끝나는 지점을 찾는다(5번 자리에서 위로 약 5cm 정도).

6_2 찾은 자리를 종아리뼈 쪽으로 밀어준다.

6_3 같은 동작을 5회 이상 반복한다. 호흡과 함께해주면 좋다.

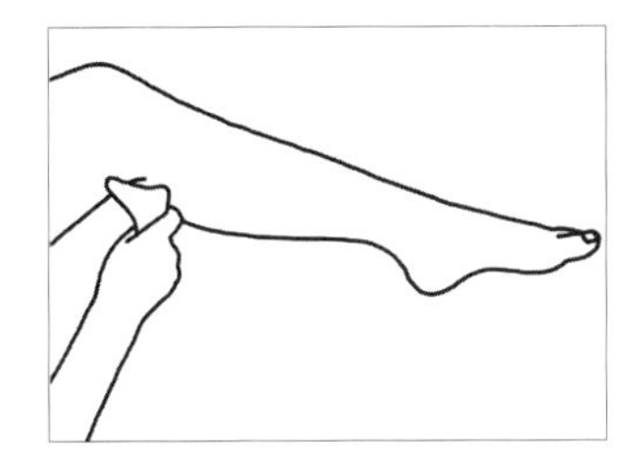

7_1 6번 자리에서 1cm 정도 무릎뼈 쪽으로 올라가준다.

7_2 올라온 자리에서 무릎 앞쪽 방향으로 밀어준다.

7_3 같은 동작을 5회 이상 반복한다. 호흡과 함께해주면 좋다.

흰 다리 교정('O'다리 교정, 'X'다리 교정)에 꼭 필요한 근막이완 관리!

모두 예쁜 종아리 라인을 만들었을 거라 믿는다!

오다리에서 일자다리까지 27일만에 완성

죽기 전에 일자 다리가 소원입니다

초판 1쇄 2022년 4월 11일

지은이 고민정
펴낸이 김용환
펴낸곳 캐스팅북스
디자인 별을 잡는 그물

등록 2018년 4월 16일
주소 서울시 강서구 양천로 71길 54 101-201
전화 010-5445-7699
팩스 0303-3130-5324
메일 76draguy@naver.com

ISBN 979-11-965621-9-9 13590

- 책값은 뒤표지에 있습니다.
- 잘못된 책은 구입처에서 바꿔 드립니다.
- 이 도서의 국립중앙도서관 출판예정도서목록(CIP)은 서지정보유통지원시스템 홈페이지(http://seoji.nl.go.kr)와 국가자료종합목록 구축시스템(http://kolis-net.nl.go.kr)에서 이용하실 수 있습니다.